普通高等教育"十一五"国家级规划教材

高等测量平差

Advanced Surveying Adjustment

王新洲 陶本藻 邱卫宁 姚宜斌 编著

测绘出版社

·北 京·

内容简介

《高等测量平差》是普通高等教育"十一五"国家级规划教材,是测绘工程专业本科核心课程的通用教材。其内容是《误差理论与测量平差基础》的拓宽和深入,内容包括如下:平差模型的假设检验理论和方法,回归模型的参数估计和假设检验,广义逆矩阵与秩亏自由网平差,稳健估计与抗差最小二乘法,非线性模型的平差等。

课程内容着重应用,包括测绘生产中的应用和后续各专业课教学的需要,也适当考虑培养研究生所必要的基础知识。

本教材取材适中、系统性强、立足先进、顾及前沿、学用结合、易于掌握、表述清楚、便于自学,可供全国测绘工程专业使用及相关专业参考。

图书在版编目(CIP)数据

高等测量平差/王新洲等编著. -- 北京:测绘出版社,2006.8 (2024.12 重印)

ISBN 978-7-5030-1396-6

Ⅰ.高… Ⅱ.王… Ⅲ.测量平差—高等学校—教材 Ⅳ.P207

中国版本图书馆 CIP 数据核字(2006)第 070943 号

责任编辑 金君　**封面设计** 李伟　**责任校对** 董玉珍　**责任印制** 陈姝颖

出版发行	测绘出版社	**电　话**	010—68580735(发行部)
地　址	北京市西城区三里河路 50 号		010—68531363(编辑部)
邮政编码	100045	**网　址**	https://chs.sinomaps.com
电子邮箱	smp@sinomaps.com	**经　销**	新华书店
成品规格	184mm×260mm	**印　刷**	建工社(河北)印刷有限公司
印　张	7.25	**字　数**	180 千字
版　次	2006 年 8 月第 1 版	**印　次**	2024 年 12 月第 6 次印刷
印　数	6801—7300	**定　价**	20.00 元

书　号 ISBN 978-7-5030-1396-6

本书如有印装质量问题,请与我社发行部联系调换。

前 言

“高等测量平差”课程是“误差理论与测量平差基础”的后续课程。该教材是测绘工程专业本科核心课程的通用教材。

根据测绘工程本科专业的培养目标，经多次教学改革和对毕业生的社会调查，以及对硕士生、博士生专业知识需求的了解，武汉大学测绘学院的广大师生深感测量数据处理课程的重要。为此，从2000年起，在武汉大学测绘工程专业的培养计划中增设了“高等测量平差”课程，并设置为专业必修课，学时数为28～36个。多年来的教学实践证明，本课程的设置对提高教学质量起到了良好的作用。

“高等测量平差”的教学内容，是“误差理论与测量平差基础”的拓宽和深入。课程内容重在应用，包括测绘生产中的应用和后续各专业课教学的需要，也适当考虑培养研究生所必要的基础知识。为此，本教材选取了以下内容：平差模型的假设检验理论和方法；回归模型的参数估计和假设检验；广义逆矩阵与秩亏自由网平差；稳健估计与抗差最小二乘法；非线性模型的平差等。

由于本书编写原则是着重应用，所以理论联系实际更为突出，所述的理论、方法都有大量实例说明其应用，以利学生学习。

本书的第一章和第六章由王新洲教授编写，第二章和第四章由陶本藻教授编写，第三章由邱卫宁教授编写，第五章由姚宜斌副教授编写，最后由王新洲教授和陶本藻教授统一修改定稿。

本书的编写，得到了武汉大学测绘学院领导的重视和关心，在此深表感谢！

由于测绘出版社的大力支持和积极工作，在很短时间内高质量地完成了本书的出版，保证了教学的需要，我们在此表示深切的谢意！

我们恳切希望使用本教材的教师和广大读者对本书提供宝贵意见，并对“高等测量平差”课程内容的选择、深度和广度等各个方面提出建议，以便再版时修正。

编 者

2006年4月

目　录

Contents

第一章　测量平差总论

§1-1　测量平差的基本概念

一、测量平差问题

测量误差，也称观测误差，是待观测量的真值与其观测值之差。观测是指用一定的仪器、工具、传感器或其他手段获取反映地球及其他实体与空间分布有关信息的过程和数据。不论观测条件如何，测量误差总是不可避免的。

多余观测，为了确定一定的几何模型，并不需要知道该模型中所有元素的大小，而只需要知道其中必要的部分元素的大小就行了。例如确定一个平面三角形的形状，只需要知道其中任意 2 个内角的大小。这 2 个内角观测值就称为必要观测。在几何模型中多于必要观测的观测数称为多余观测数，如三角形中共观测了三个内角，则多余观测数为 1。为了检查观测值中是否存在错误，并提高观测成果的精度，一定要进行多余观测。

不可避免的测量误差和一定要进行的多余观测这两个原因导致了观测值之间，或观测值与已知值之间出现矛盾（不符值）。比如，对同一量的多次观测，其观测结果不相等；观测值或观测值的函数与其理论值不相等（最典型的是三角形的三内角观测值之和不等于理论值 180°）。观测值之间的这种矛盾（不符值），使得测量问题的解不惟一。为了消除这种矛盾（不符值），得到测量问题的惟一解，就要对引起这种矛盾（不符值）的主要原因——测量误差进行研究和处理。处理带有误差的观测值，按最小二乘原理消除观测值之间的矛盾，求出测量问题的惟一解并评定精度的理论和方法被称为“测量平差”。

“测量平差”一词在我国最早出现在夏坚白、王之卓和陈永龄三位教授合著的我国第一本测量方面的教材。“二十八年秋，著者三人同在昆明，分别任教于同济大学、西南联大及中山大学。教学之际，深感国内关于测量课本及参考书之缺乏，学者苦之，乃有编辑测量学丛书之决心，而以《测量平差法》一书为始。”（引自《学部委员夏坚白》）。“测量平差”主要研究测量误差的理论、测量平差的方法和测量成果的精度评定。

二、误差理论

研究内容包括：误差分布、精度指标、误差估计、误差检验、误差分析以及误差预测和控制。

在《误差理论与测量平差基础》一书中，假定系统误差已经通过某种手段得以消除，而且不存在粗差。在这一前提下，测量误差服从正态分布，其数学期望（真值）为零。方差为衡量观测值或观测误差的精度指标。随机向量 $\boldsymbol{X}$ 的方差的定义为

$$\boldsymbol{D}(\boldsymbol{X})=\boldsymbol{E}[(\boldsymbol{X}-\boldsymbol{E}(\boldsymbol{X}))(\boldsymbol{X}-\boldsymbol{E}(\boldsymbol{X}))^{\mathrm{T}}] \tag{1-1-1}$$

当 $\boldsymbol{X}$ 为一个随机变量时，其方差可以记为

$$\boldsymbol{D}(\boldsymbol{X})=\sigma_x^2=\boldsymbol{E}(\boldsymbol{X}-\boldsymbol{E}(\boldsymbol{X}))^2 \tag{1-1-2}$$

σ_x 就是 $\boldsymbol{X}$ 的中误差(即标准差,下同)。

方差 $\boldsymbol{D}(\boldsymbol{X})$ 的定义式(1-1-1)的显式为

$$\boldsymbol{D}(\boldsymbol{X})=\begin{bmatrix} \sigma_{x_1}^2 & \sigma_{x_1x_2} & \cdots & \sigma_{x_1x_n} \\ \sigma_{x_1x_2} & \sigma_{x_2}^2 & \cdots & \sigma_{x_2x_n} \\ \vdots & \vdots & \ddots & \vdots \\ \sigma_{x_1x_n} & \sigma_{x_2x_n} & \cdots & \sigma_{x_n}^2 \end{bmatrix}$$

式中:主对角元素为 X_i 的方差;非主对角元素 $\sigma_{x_ix_j}$ 为 X_i 与 X_j 的协方差。协方差的定义式为

$$\sigma_{x_ix_j}=E[(X_i-E(X_i))(X_j-E(X_j))] \tag{1-1-3}$$

方差还可表达为相应的协因数与单位权方差的乘积,即

$$\boldsymbol{D}(\boldsymbol{X})=\sigma_0^2\boldsymbol{Q}_{xx} \tag{1-1-4}$$

式中 $\boldsymbol{Q}_{xx}$ 称为协因数矩阵。当 $\boldsymbol{Q}_{xx}$ 非奇异时,$\boldsymbol{Q}_{xx}^{-1}=\boldsymbol{P}$,$\boldsymbol{P}$ 为 $\boldsymbol{X}$ 的权矩阵。当 $\boldsymbol{X}$ 为一个随机变量时,则权的定义为

$$P_x=\frac{\sigma_0^2}{\sigma_x^2} \tag{1-1-5}$$

上式表明,权与方差成反比。比例常数 σ_0^2 称为单位权方差。权是一个相对精度指标。

误差估计总是与平差参数的估计同时进行,而且依附于平差参数估计之中,因为误差也是平差系统中所要估计的参数。

误差检验的目的是要在平差问题中排除系统误差和粗差的影响,以保证测量成果的精度。

三、平差方法

在《误差理论与测量平差基础》中,介绍了条件平差、间接平差、附有参数的条件平差、附有限制条件的间接平差和附有限制条件的条件平差等五种平差方法。这五种平差方法并无本质的差别,只是所选参数的个数不同,以及参数之间是否相关所至。因此,我们通常称这五种平差方法为经典平差,它们是测量平差的基础方法。

在经典平差中,如果不选参数,即当所选参数的个数 $u=0$ 时,平差的函数模型为

$$\underset{r,n}{\boldsymbol{A}}\ \underset{n,1}{\boldsymbol{V}}+\underset{r,1}{\boldsymbol{W}}=\underset{r,1}{0} \tag{1-1-6}$$

式中:n 为观测值的个数;r 为多余观测的个数。以式(1-1-6)为函数模型的平差问题,称为条件平差。

当所选参数的个数为 $u(0<u<t$,t 为必要观测数),且参数之间相互独立时,平差的函数模型为

$$\underset{c,n}{\boldsymbol{A}}\ \underset{n,1}{\boldsymbol{V}}+\underset{c,u}{\boldsymbol{B}}\ \underset{u,1}{\hat{\boldsymbol{X}}}+\underset{c,1}{\boldsymbol{W}}=\underset{c,1}{0} \tag{1-1-7}$$

式中:$c=r+u$,为条件方程的个数;$\hat{\boldsymbol{X}}$ 为所选取的 u 个参数向量。以式(1-1-7)为函数模型的平差问题,称为附有参数的条件平差。

当所选参数的个数为 $u=t$,且参数之间相互独立时,平差的函数模型为

$$\underset{n,1}{\boldsymbol{V}}=\underset{n,t}{\boldsymbol{B}}\ \underset{t,1}{\hat{\boldsymbol{X}}}-\underset{n,1}{\boldsymbol{L}} \tag{1-1-8}$$

以式(1-1-8)为函数模型的平差问题,称为间接平差。

当所选参数的个数为 $u>t$,且包含 t 个独立的参数,其余 $u-t$ 个参数都可以表示成 t 个独立参数的函数时,平差的函数模型为

$$\left.\begin{aligned}\underset{n,1}{\boldsymbol{V}}=\underset{n,u}{\boldsymbol{B}}\ \underset{u,1}{\hat{\boldsymbol{X}}}-\underset{n,1}{L}\\ \underset{s,u}{\boldsymbol{C}}\ \underset{u,1}{\hat{\boldsymbol{X}}}+\underset{s,1}{W_x}=\underset{s,1}{0}\end{aligned}\right\} \tag{1-1-9}$$

式中 $s=u-t$ 为限制条件的个数。以式(1-1-9)为函数模型的平差问题,称为附有限制条件的间接平差。

当所选参数的个数为 $0<u<t$,且参数之间不独立时,平差的函数模型为

$$\left.\begin{aligned}\underset{c,n}{\boldsymbol{A}}\ \underset{n,1}{\boldsymbol{V}}+\underset{c,u}{\boldsymbol{B}}\ \underset{u,1}{\hat{\boldsymbol{X}}}+\underset{c,1}{\boldsymbol{W}}=\underset{c,1}{0}\\ \underset{s,u}{\boldsymbol{C}}\ \underset{u,1}{\hat{\boldsymbol{X}}}+\underset{s,1}{\boldsymbol{W}_x}=\underset{s,1}{0}\end{aligned}\right\} \tag{1-1-10}$$

以式(1-1-10)为函数模型的平差问题,称为附有限制条件的条件平差。

通常将间接平差和附有限制条件的间接平差称为参数平差,其应用最为广泛。其他三种总称为条件平差。各种平差方法可以互相转换。以上经典平差法的最优估计准则为最小二乘准则。

四、平差结果的精度评定

精度评定包括两个内容,第一个内容是根据平差后求得的改正数来估计单位权中误差,即

$$\hat{\sigma}_0=\sqrt{\frac{\boldsymbol{V}^{\mathrm{T}}\boldsymbol{P}\boldsymbol{V}}{r}} \tag{1-1-11}$$

式中:$\boldsymbol{V}$ 为观测值的改正数(残差)向量;$\boldsymbol{P}$ 为观测值的权矩阵;r 为平差问题的自由度,即多余观测数。

第二个内容是应用协因数传播律,计算观测值函数 $\varphi=fL+f_0$ 的协因数 $Q_{\varphi\varphi}$,其公式为

$$Q_{\varphi\varphi}=\boldsymbol{fQf}^{\mathrm{T}} \tag{1-1-12}$$

最后 φ 的方差估值为

$$\hat{\sigma}^2_{\varphi\varphi}=\sigma_0^2 Q_{\varphi\varphi} \tag{1-1-13}$$

§1-2 参数平差原理总述

一、附有限制条件的间接平差原理

1. 平差模型

附有限制条件的间接平差的函数模型和随机模型分别为

$$\left.\begin{aligned}\underset{n,1}{\boldsymbol{L}}=\underset{n,u}{\boldsymbol{B}}\ \underset{u,1}{\boldsymbol{X}}+\underset{n,1}{\boldsymbol{\Delta}}\\ \underset{s,u}{\boldsymbol{C}}\ \underset{u,1}{\boldsymbol{X}}+\underset{s,1}{\boldsymbol{W}_x}=0\end{aligned}\right\} \tag{1-2-1}$$

$$\boldsymbol{D}=\sigma_0^2\boldsymbol{Q}=\sigma_0^2\boldsymbol{P}^{-1} \tag{1-2-2}$$

相应的误差方程和条件方程为

$$\left.\begin{aligned}\boldsymbol{V}&=\boldsymbol{B}\hat{\boldsymbol{X}}-\boldsymbol{l}\\ \boldsymbol{C}\hat{\boldsymbol{X}}+\boldsymbol{W}_x&=0\end{aligned}\right\} \tag{1-2-3}$$

式中

$$\boldsymbol{l}=\boldsymbol{L}-\boldsymbol{B}\boldsymbol{X}^0 \tag{1-2-4}$$

根据最小二乘原理，在

$$\varphi=\boldsymbol{V}^{\mathrm{T}}\boldsymbol{P}\boldsymbol{V}+2\boldsymbol{K}_S^{\mathrm{T}}(\boldsymbol{C}\hat{\boldsymbol{X}}+\boldsymbol{W}_x)=\min$$

下，可得法方程及其解为

$$\left.\begin{aligned}\boldsymbol{N}_{BB}\hat{\boldsymbol{X}}+\boldsymbol{C}^{\mathrm{T}}\boldsymbol{K}_S-\boldsymbol{B}^{\mathrm{T}}\boldsymbol{P}\boldsymbol{l}&=0\\ \boldsymbol{C}\hat{\boldsymbol{X}}+\boldsymbol{W}_x&=0\end{aligned}\right\} \tag{1-2-5}$$

$$\boldsymbol{K}_S=\boldsymbol{N}_{CC}^{-1}(\boldsymbol{C}\boldsymbol{N}_{BB}^{-1}\boldsymbol{B}^{\mathrm{T}}\boldsymbol{P}\boldsymbol{l}+\boldsymbol{W}_x) \tag{1-2-6}$$

$$\hat{\boldsymbol{X}}=(\boldsymbol{N}_{BB}^{-1}-\boldsymbol{N}_{BB}^{-1}\boldsymbol{C}^{\mathrm{T}}\boldsymbol{N}_{CC}^{-1}\boldsymbol{C}\boldsymbol{N}_{BB}^{-1})\boldsymbol{B}^{\mathrm{T}}\boldsymbol{P}\boldsymbol{l}-\boldsymbol{N}_{BB}^{-1}\boldsymbol{C}^{\mathrm{T}}\boldsymbol{N}_{CC}^{-1}\boldsymbol{W}_x$$

式中

$$\boldsymbol{N}_{BB}=\boldsymbol{B}^{\mathrm{T}}\boldsymbol{P}\boldsymbol{B},\boldsymbol{N}_{CC}=\boldsymbol{C}\boldsymbol{N}_{BB}^{-1}\boldsymbol{C}^{\mathrm{T}} \tag{1-2-7}$$

2. 精度评定

(1)单位权方差

单位权方差估值为

$$\hat{\sigma}_0^2=\frac{\boldsymbol{V}^{\mathrm{T}}\boldsymbol{P}\boldsymbol{V}}{r}=\frac{\boldsymbol{V}^{\mathrm{T}}\boldsymbol{P}\boldsymbol{V}}{n-(u-s)} \tag{1-2-8}$$

(2)协因数阵

协因数阵的计算公式列于表 1-1。

表 1-1　附有限制条件的间接平差的协因数阵

	$\boldsymbol{L}$	$\hat{\boldsymbol{X}}$	$\boldsymbol{V}$	$\hat{\boldsymbol{L}}$
$\boldsymbol{L}$	$\boldsymbol{Q}$	$\boldsymbol{B}\boldsymbol{Q}_{\hat{X}\hat{X}}$	$-\boldsymbol{Q}_{VV}$	$\boldsymbol{Q}-\boldsymbol{Q}_{VV}$
$\hat{\boldsymbol{X}}$	$\boldsymbol{Q}_{\hat{X}\hat{X}}\boldsymbol{B}^{\mathrm{T}}$	$\boldsymbol{N}_{BB}^{-1}-\boldsymbol{N}_{BB}^{-1}\boldsymbol{C}^{\mathrm{T}}\boldsymbol{N}_{CC}^{-1}\boldsymbol{C}\boldsymbol{N}_{BB}^{-1}$	0	$\boldsymbol{Q}_{\hat{X}\hat{X}}\boldsymbol{B}^{\mathrm{T}}$
$\boldsymbol{V}$	$-\boldsymbol{Q}_{VV}$	0	$\boldsymbol{Q}-\boldsymbol{B}\boldsymbol{Q}_{\hat{X}\hat{X}}\boldsymbol{B}^{\mathrm{T}}$	0
$\hat{\boldsymbol{L}}$	$\boldsymbol{Q}-\boldsymbol{Q}_{VV}$	$\boldsymbol{B}\boldsymbol{Q}_{\hat{X}\hat{X}}$	0	$\boldsymbol{Q}-\boldsymbol{Q}_{VV}$

二、间接平差原理

在附有限制条件的间接平差中，当参数的个数正好等于必要观测数，即 $u=t$，且参数之间彼此独立时，有 $s=u-t=0$，即此时不存在条件。于是函数模型(1-2-1)就变为

$$\underset{n,1}{\boldsymbol{L}}=\underset{n,u}{\boldsymbol{B}}\ \underset{u,1}{\boldsymbol{X}}+\underset{n,1}{\boldsymbol{\Delta}} \tag{1-2-9}$$

相应的误差方程、法方程及其解为

$$\boldsymbol{V}=\boldsymbol{B}\hat{\boldsymbol{X}}-\boldsymbol{l} \tag{1-2-10}$$

$$\boldsymbol{N}_{BB}\hat{\boldsymbol{X}}-\boldsymbol{B}^{\mathrm{T}}\boldsymbol{P}\boldsymbol{l}=0 \tag{1-2-11}$$

$$\hat{\boldsymbol{X}}=\boldsymbol{N}_{BB}^{-1}\boldsymbol{B}^{\mathrm{T}}\boldsymbol{P}\boldsymbol{l} \tag{1-2-12}$$

间接平差中单位权方差的估值为

$$\hat{\sigma}_0^2=\frac{\boldsymbol{V}^{\mathrm{T}}\boldsymbol{P}\boldsymbol{V}}{r}=\frac{\boldsymbol{V}^{\mathrm{T}}\boldsymbol{P}\boldsymbol{V}}{n-t} \tag{1-2-13}$$

间接平差中的协因数阵见表 1-2。

表 1-2　间接平差中的协因数阵

	L	$\hat{X}$	V	$\hat{L}$
L	Q	BN_{BB}^{-1}	$BN_{BB}^{-1}B^{T}-Q$	$BN_{BB}^{-1}B^{T}$
$\hat{X}$	$N_{BB}^{-1}B^{T}$	N_{BB}^{-1}	0	$N_{BB}^{-1}B^{T}$
V	$BN_{BB}^{-1}B^{T}-Q$	0	$Q-BN_{BB}^{-1}B^{T}$	0
$\hat{L}$	$BN_{BB}^{-1}B^{T}$	BN_{BB}^{-1}	0	$BN_{BB}^{-1}B^{T}$

§1-3　测量平差的若干进展

仅考虑偶然误差的经典平差在整个测量史上发挥了巨大的作用，至今仍被广泛应用。但随着科学技术的不断扩展，测量数据采集的现代化、自动化和高精度化，使得有时经典平差模型不能适应实际问题的需要。因此，测量平差的研究内容也不断扩展。这些扩展主要体现在以下方面。

1. 从法方程系数矩阵满秩扩展到法方程系数矩阵亏秩

在经典平差中，任何一个平差问题总是具有足够的起算数据，或称为具有足够的基准条件。在这个前提下，我们得到的法方程的系数矩阵总是满秩的。由于法方程的系数矩阵满秩，法方程具有惟一解。但在实际工作中，有时存在没有足够的起算数据的情况。例如，在水准测量中没有已知水准点但却以高程作为参数就是这种情况。当一个平差问题没有足够的起算数据时，法方程的系数矩阵就会秩亏，致使法方程没有惟一解。为了解决这个问题，1962 年迈塞尔(P. Meissl)提出了秩亏自由网平差的思想，从此将经典平差扩展到秩亏自由网平差。

2. 从仅处理静态数据扩展到处理动态数据

在经典平差中，观测值和待估参数都是不随时间变化的静态数据。但在现代测量中，很多情况下观测值和待估参数都是随时间变化的动态数据。例如，GPS 导航中的观测值和待估参数就是随时间变化的动态数据。为了处理观测值和待估参数都是随时间变化的动态数据，1960 年卡尔曼(R. E. Kalman)提出了著名的卡尔曼滤波。应用卡尔曼滤波和其他动态平差方法，使仅能处理观测值和待估参数都是不随时间变化的静态数据的经典测量平差，扩展到能处理观测值和待估参数都是随时间变化的动态数据。

3. 从无偏估计扩展到有偏估计

经典平差的优良统计性质是估计结果的无偏性和方差最小性，即经典平差中估计出来的参数是最优无偏估计。但当法方程病态时，由于观测值的很小的误差，就会使待估参数产生很大的变化，不仅解极不稳定，而且方差的数值还会很大。1955 年，Stein 证明了若法方程病态，则当参数的个数 t 大于 2 时，基于正态随机变量(观测值)的最小二乘估计(经典平差)为不可容许估计，即总能找到另一个估计，在均方误差意义下一致优于最小二乘估计。统计学家们将这种现象称为 Stein 现象。根据 Stein 现象，Stein 于 1955 年提出了通过压缩改进最小二乘估计的方法。通过对最小二乘估计结果进行压缩改进后，其估计结果就不再具有无偏性。因此，就称对最小二乘估计结果进行压缩改进后的结果为有偏估计。有偏估计被提出以后，至今已扩展了很多有偏估计方法。在大量的有偏估计方法中，研究得最多的是岭估计。

4. 从线性模型的参数估计扩展到非线性模型的参数估计

经典平差方法实际上是线性模型的参数估计。但测量实践中却存在大量的非线性模型。在经典平差中总是对非线性模型进行线性近似，即将其展开为泰勒级数，取至一次项，而略去二次以上各项。如此线性近似，必然会引起模型误差。如果线性近似所引起的模型误差小于观测误差，则线性近似所引起的模型误差可忽略不计。随着科学技术的不断扩展，现在的测量精度已大大提高，致使线性近似所引起的模型误差与观测误差相当。甚至还会大于观测误差。因此，用近似的理论、模型、方法去处理具有很高精度的观测结果，从而导致精度损失，显然是不合理的。现代科学技术的发展，要求估计结果的精度尽可能提高。这样，传统的线性近似的方法就不能满足当今科学技术发展的要求。更重要的是，有些非线性模型对参数的近似值十分敏感，若近似值的精度较差，线性近似时就会产生较大的模型误差。此时用线性模型的精度评定理论去评定估计结果的精度，会得到一些虚假的优良统计性质，人为地拔高了估计结果的精度。为此，人们提出直接处理非线性模型，这样就使线性模型的参数估计扩展到非线性模型的参数估计。

5. 从待估参数为非随机量扩展到待估参数为随机量

在经典平差中，待估参数为非随机量。但在有些实际问题中，某些待估参数的先验统计性质(如期望和方差)是已知的，这就导致带有随机参数的平差问题的出现。如 1969 年，克拉鲁普(T. Krarup)提出的最小二乘配置，就将待估参数仅为非随机量推广到待估参数为非随机变量和随机量。此外，待估参数为随机量的估计还有贝叶斯(Bayes)估计。

6. 从观测值仅含偶然误差扩展到含有系统误差和粗差

经典平差的最大特点就是假定观测值为仅含偶然误差、服从正态分布的随机量。但实际观测值中往往既含有偶然误差，又含有系统误差和(或)粗差。当观测值中含有粗差时，由于最小二乘估计不具备抵抗粗差的能力，估计结果将严重地受到粗差的污染。为此，统计学家自然地希望寻求一种能抵抗粗差的估计方法。于是 1953 年薄克斯(G. E. P. Box)提出了稳健估计(Robust Estimation)概念。直到 20 世纪 60 年代，才出现研究稳健估计的热烈局面。因此，人们公认稳健估计始于 1964 年，即认为 1964 年胡倍尔(P. J. Huber)发表的“位置参数的稳健估计”一文为稳健估计方面的开创性论文。稳健估计的出现，就使测量平差扩展到可以处理除含偶然误差外还含有粗差的观测值。

同样，系统误差在测量过程中也是存在的，为了处理系统误差，往往在经典平差的基础上附加系统参数，因此，有了附加参数的平差方法。近年来，又开展了对应用半参数估计理论来处理系统误差的平差问题的研究。

7. 从主要研究函数模型扩展到深入研究随机模型

在经典平差中，主要研究函数模型。例如，五种经典平差的函数模型及其内在联系。1923 年，赫尔墨特(F. R. Helmert)提出了方差分量估计理论，使两类以上观测值同时平差时正确确定各类观测值之间的权比成为可能。随着方差分量估计理论的提出，开辟了深入研究随机模型的途径。

8. 从最小二乘估计准则扩展到其他多种估计准则

在经典平差中，实际上只是应用了最小二乘估计准则。随着科学技术的扩展，参数估计理论得到了巨大的发展，出现了极大似然估计、最小二乘估计、极大验后估计、最优无偏估计，贝叶斯估计、稳健估计、*P*-范估计、信息扩散估计、极大可能性估计、半参数估计等多种估计方法。应用上述各种估计的测量平差问题已取得了许多成果，并在进一步深入研究之中。

§1-4　本课程的任务和内容

高等测量平差是在经典测量平差及其相应的误差理论的基础上进行扩展，着重介绍在测量数据处理实践中一些常用的近代平差方法及其相应的误差理论知识。本课程是“误差理论与测量平差基础”的后续课程，故本课程取名为“高等测量平差”。

本课程内容的选取，主要考虑培养测绘工程专业本科生这一层次所必须掌握的平差理论知识的要求，同时也兼顾后续专业课教学的需求。为此，本课程主要内容包括以下几个方面。

(1)平差模型的统计假设检验。介绍测量平差中常用的假设检验统计量及其各种假设检验方法。

(2)回归分析理论和方法。介绍回归分析在测量数据处理中的应用以及各种常用模型的回归分析方法。

(3)秩亏自由网平差理论与方法。介绍广义逆矩阵以及测量中常用的秩亏自由网平差的各种方法。

(4)稳健估计理论和方法。介绍稳健估计原理、选权迭代法以及针对处理粗差的几种常用抗差最小二乘法。

(5)非线性模型的平差理论和方法。介绍非线性最小二乘估计原理、算法和估计量的统计性质。

第二章　平差模型的假设检验

在《误差理论与测量平差基础》中，已对在测量数据处理中进行统计假设检验的必要性进行了论述，介绍了假设检验的基本方法。本章针对平差模型的有关假设检验理论和方法，在该书所述内容基础上，从理论和应用上作进一步拓展，并举例说明其应用。有关假设检验理论的进一步研究可参阅文献[3]—[6]。

§2-1　统计假设检验中的几个理论问题

假设检验所解决的问题主要有以下几种类型：母体数学期望是否与一数值相符；两个或多个母体的数学期望是否相同；母体方差是否与一数值相符；两个或多个母体的方差是否相同等。

假设检验所用的方法是，先作一个原假设 H_o，然后找一个适当的子样函数作为检验统计量，如果在 H_o 成立的条件下，由子样算出的统计量数值出现的概率很小，则根据小概率事件原理可拒绝原假设 H_o.

设从正态母体 $N(\mu,\sigma^2)$ 中抽取容量为 n 的子样 $(x_1 x_2 \cdots x_n)$，其方差 σ^2 为已知，则子样平均值 $\bar{x}=\frac{1}{n}\sum_{i=1}^{n}x_i \sim N(\mu,\sigma^2/n)$，标准化统计量为

$$u=\frac{\bar{x}-\mu}{\sigma/\sqrt{n}}\sim N(0,1) \tag{2-1-1}$$

在置信概率 $p=1-\alpha$（α 为显著水平）下，标准正态变量具有如下概率表达式（图 2-1）

$$P\left(-u_{\alpha/2}<\frac{\bar{x}-\mu}{\sigma/\sqrt{n}}<u_{\alpha/2}\right)=p=1-\alpha \tag{2-1-2}$$

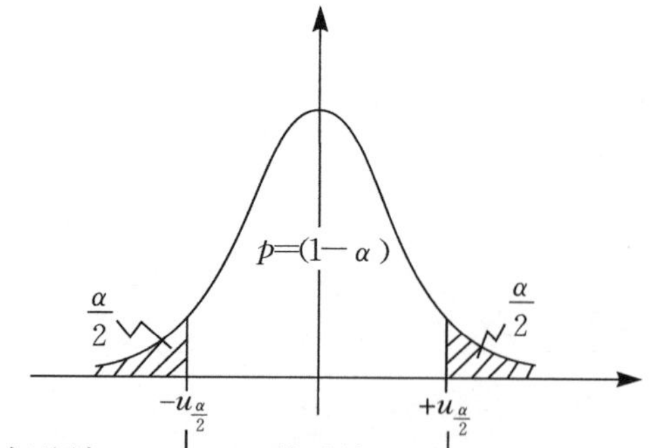

图　2-1

式中区间上限 $u_{\alpha/2}$ 下限 $-u_{\alpha/2}$ 可以 α 为引数由正态分布表中查得。但式中数学期望 μ 是未知的。

如建立的原假设是 $H_0:\mu=\mu_0$，在 H_0 成立的条件下，可用 μ_0 代替式(2-1-2)中的 μ，就可算出式（2-1-1）的 u 值。如果其值不在区间 $(-u_{\alpha/2},u_{\alpha/2})$ 内，即不在图 2-1 中的接受域内，而在图中的拒绝域内，则应拒绝原假设 H_0，否则接受 H_0。

拒绝原假设 H_0（如 $\mu=\mu_0$），就等于接受另一假设 H_1（如 $\mu\neq\mu_0$），H_1 称为备选假设。图 2-1 表示的原假设和备选假设为

$$H_0:\mu=\mu_0,\quad H_1:\mu\neq\mu_0$$

称为双尾检验。如果检验假设是

$$H_0: \mu \leqslant \mu_0, \quad H_1: \mu > \mu_0$$

则称单尾检验或右尾检验。此时的概率表达式为(图 2-2)

$$P(u < u_\alpha) = p = 1 - \alpha \qquad (2\text{-}1\text{-}3)$$

右尾检验假设一般也可写为

$$H_0: \mu = \mu_0, \quad H_1 \mu > \mu_0$$

在假设检验时可能发生如下情况。当 H_0 为真时,由于抽样误差所算得的统计量值不落在 H_0 的接受域内,从而作出拒绝 H_0 的错误判断,这种 H_0 为真而遭到拒绝的错误称为第一类错误,即弃真 H_0 错误,弃真的概率为 α,即落在拒绝域的概率。所以,H_0 是否被接受与 α 的大小有关,α 越大则拒绝域越大,H_0 被拒绝的机会越多。

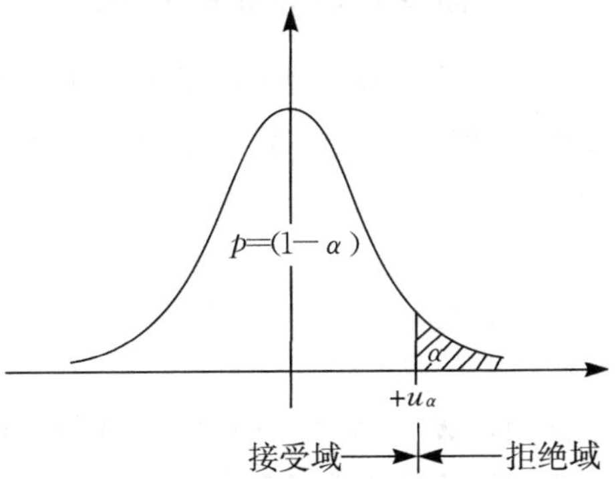

图 2-2

由此可知,检验作出的判断不是绝对的,作判断无法不冒一定的风险。

如果被检验问题的 H_1 为真,而子样统计量数值却落在接受域内,就犯了纳伪的错误,称为第二类错误。纳伪的概率为 β(以右尾检验为例,图 2-3),即 H_1 密度曲线下(H_0 的)接受域所围面积。

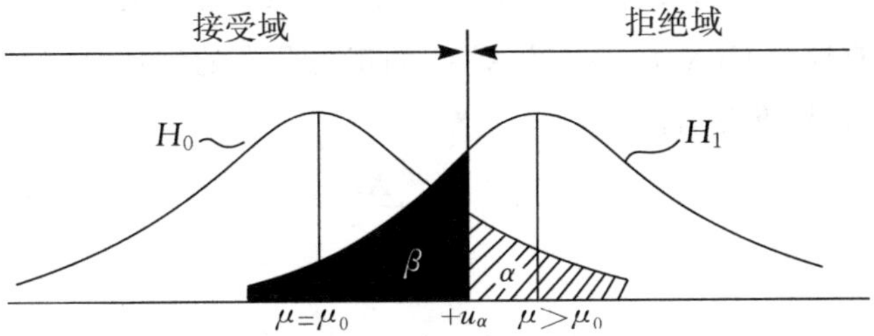

图 2-3

由于抽样的随机性,弃真或纳伪错误是不可避免的。如果 H_1 为真,经检验,拒绝 H_0,这种作出正确判断的概率为 $1-\beta$。称为检验功效,$1-\beta$ 是当 H_1 为真时拒绝域范围内密度曲线下的面积。

显著水平 α 的选择,应视检验实际问题而定,一般取 0.05,0.01,0.001 三个数值。如果所检验的问题,认为实际观测结果与原假设 H_0 有一些不符合,即应拒绝 H_0 的严格要求,则可应用较大的 α,如 0.05 或更大。如果不应轻易拒绝,则可选用较小的 α。此外,在不改变 α 的条件下应尽量使 β 减小,亦即尽量使检验功效增大,这是选择拒绝域的基本原则。

应当指出,只有当某一假设用不同的检验方法进行检验,经常得出接受(或拒绝)H_0 时,才能判定此假设是正确的(或不正确)。

§2-2 统计量及其概率分布

假设检验是通过选用服从某种分布的统计量进行的。在一般统计书籍中,统计量大都是直接子样的函数。如算术平均值的标准化,直接子样方差等,而在平差模型的假设检验中遇到的检验统计量要复杂得多。在文献[2]中我们已经不加证明地给出了一些统计量,并举例说明其检验方法。本节按照概率分布理论,对平差模型假设检验中常用的统计量的概率分布进行推导。所述内容是概率论与数理统计中相应统计量的扩充。

一、标准正态分布统计量

设平差模型的观测向量 $\boldsymbol{L}=(L_1 L_2 \cdots L_n)^{\mathrm{T}}$，其中 $L_i \sim N(\widetilde{L}_i, \sigma_i^2=\sigma_0^2 \boldsymbol{Q}_{ii})$，$\widetilde{L}_i$ 为 L_i 的数学期望（真值），真误差 $\Delta_i=L_i-\widetilde{L}_i$，$E(\Delta_i)=E(L_i)-\widetilde{L}_i=0$ 即 Δ_i 的数学期望为零，平差的函数模型为

$$\boldsymbol{L}=\boldsymbol{B}\boldsymbol{X}+\boldsymbol{\Delta}$$

误差方程为

$$\boldsymbol{V}=\boldsymbol{B}\hat{\boldsymbol{X}}-\boldsymbol{L}$$

参数向量 $\boldsymbol{X}=(X_1 X_2 \cdots X_t)^{\mathrm{T}}$，在 $\boldsymbol{V}^{\mathrm{T}}\boldsymbol{P}\boldsymbol{V}=\min$ 原则下可获得其中参数 x_i 的估值为 $\hat{X}_i$，并可表示为观测值的线性函数，即

$$\hat{X}_i=\alpha_{i1}L_1+\alpha_{i2}L_2+\cdots+\alpha_{in}L_n=\boldsymbol{\alpha}_i{}^{\mathrm{T}}\boldsymbol{L} \tag{2-2-1}$$

式中 $\boldsymbol{\alpha}_i^{\mathrm{T}}=(\alpha_{i1}\alpha_{i2}\cdots\alpha_{in})$，按误差传播定律得

$$\sigma_{\hat{X}_i}^2=\sigma_0^2\boldsymbol{\alpha}_i^{\mathrm{T}}\boldsymbol{Q}\boldsymbol{\alpha}_i \tag{2-2-2}$$

$\boldsymbol{Q}$ 为 $\boldsymbol{L}$ 的协因数阵。

由于 $\hat{X}_i$ 是正态变量 L_i 的线性函数，由概率论知，$\hat{X}_i$ 也是正态变量。设 $\hat{X}_i$ 的期望为 X_i，则 $\hat{X}_i$ 为服从具有期望 $E(\hat{X}_i)=X_i$、方差 $\sigma_{\hat{X}_i}^2$ 的正态分布的统计量，记为 $\hat{X}_i \sim N(X_i, \sigma_{\hat{X}_i}^2)$。

对正态变量 $\hat{X}_i$ 作标准化，即

$$u=\frac{\hat{X}_i-X_i}{\sigma_{\hat{X}_i}} \tag{2-2-3}$$

因为

$$E(u)=\frac{E(\hat{X}_i)-X_i}{\sigma_{\hat{X}_i}}=\frac{X_i-X_i}{\sigma_{\hat{X}_i}}=0$$

$$\sigma_u^2=\frac{1}{\sigma_{\hat{X}_i}^2}(\sigma_{\hat{X}_i}^2+0)=1$$

所以 u 为标准正态变量，记为 $u \sim N(0,1)$。

以上导出的式(2-2-3)中的 u，就是一个常用的属于标准正态分布的统计量。由图2-1知，统计量 u 的概率表达式为

$$P\left\{-u_{\frac{\alpha}{2}}<\frac{\hat{X}_i-X_i}{\sigma_{\hat{X}_i}}<u_{\frac{\alpha}{2}}\right\}=p=1-\alpha \tag{2-2-4}$$

由标准正态分布表中可查得分位值，如表 2-1 所示。

表 2-1　标准正态分布的分位值

α	0.3173	0.10	0.05	0.0455	0.01	0.0027	0.001
$u_{\frac{\alpha}{2}}$	1.0	1.645	1.96	2.0	2.576	3.0	3.29

例 2-1　直接平差

设对未知量 $\boldsymbol{X}$ 的一组独立观测量为 $L_i(i=1,\cdots,n)$，相应的权为 P_i，则 $\boldsymbol{X}$ 的最小二乘估值为其带权平均值，即

$$\hat{\boldsymbol{X}}=\sum_{i=1}^{n}P_iL_i/\sum_{i=1}^{n}P_i \tag{2-2-5}$$

与式(2-2-1)相对照可知，$\alpha_j=P_i/\sum_{i=1}^{n}P_i(j=i=1,2\cdots,n)$. $\hat{\boldsymbol{X}}$ 的方差为

$$\sigma_{\hat{X}}^2=\frac{1}{(\sum_{i=1}^{n}P_i)^2}(P_1^2\sigma_1^2+\cdots+P_n^2\sigma_n^2)$$

顾及 $P_i\sigma_i^2=\sigma_0^2$，则上式为

$$\sigma_{\hat{X}}^2=\sigma_0^2\Big/\sum_{i=1}^{n}P_i \tag{2-2-6}$$

因 $L_i\sim N(\boldsymbol{X},\sigma_i^2)$，故 $\hat{\boldsymbol{X}}\sim N(\boldsymbol{X},\sigma_0^2\Big/\sum_{i=1}^{n}P_i)$。此时可作标准正态统计量为

$$u=\frac{\hat{\boldsymbol{X}}-\boldsymbol{X}}{\sigma_0/\sqrt{\sum_{i=1}^{n}P_i}}=\frac{\hat{\boldsymbol{X}}-\boldsymbol{X}}{\sigma_0/\sqrt{\boldsymbol{P}_{\hat{X}}}}=\frac{\hat{\boldsymbol{X}}-\boldsymbol{X}}{\sigma_0\sqrt{\boldsymbol{Q}_{\hat{X}\hat{X}}}} \tag{2-2-7}$$

式中 $\boldsymbol{Q}_{\hat{X}\hat{X}}$ 为 $\hat{\boldsymbol{X}}$ 的协因数，因 $\hat{\boldsymbol{X}}$ 是一个数量，所以 $\boldsymbol{Q}_{\hat{X}\hat{X}}=1/P_{\hat{X}}$ 即为 $\hat{\boldsymbol{X}}$ 的权倒数。

特殊地，当观测权 $P_1=P_2=\cdots=P_n=1$ 时，式(2-2-7)为

$$u=\frac{\hat{\boldsymbol{X}}-\boldsymbol{X}}{\sigma_0/\sqrt{n}} \tag{2-2-8}$$

式中 $\hat{\boldsymbol{X}}$ 为观测量的算术平均值，其权 $P_{\hat{X}}=n$。

例 2-2 间接平差

1. 设有误差方程及权阵为

$$\underset{n,1}{\boldsymbol{V}}=\boldsymbol{B}\underset{t,1}{\hat{\boldsymbol{X}}}-\boldsymbol{l}\qquad \boldsymbol{P} \tag{2-2-9}$$

在 $\boldsymbol{V}^{\mathrm{T}}\boldsymbol{PV}=\min$ 下的解为

$$\hat{\boldsymbol{X}}=\boldsymbol{N}^{-1}\boldsymbol{B}^{\mathrm{T}}\boldsymbol{Pl}=\boldsymbol{Q}_{\hat{X}\hat{X}}\boldsymbol{B}^{\mathrm{T}}\boldsymbol{Pl}=\boldsymbol{\alpha}^{\mathrm{T}}\boldsymbol{l} \tag{2-2-10}$$

式中 $\boldsymbol{\alpha}^{\mathrm{T}}=\boldsymbol{Q}_{\hat{X}\hat{X}}\boldsymbol{B}^{\mathrm{T}}\boldsymbol{P}$，与式(2-2-1)对照可知，$\boldsymbol{\alpha}^{\mathrm{T}}=(\alpha_1\alpha_2\cdots\alpha_t)^{\mathrm{T}}$

$$\boldsymbol{Q}_{\hat{X}\hat{X}}=\boldsymbol{N}^{-1} \tag{2-2-11}$$

$$\hat{\sigma}_0^2=\frac{\boldsymbol{V}^{\mathrm{T}}\boldsymbol{PV}}{n-t} \tag{2-2-12}$$

因为 $\boldsymbol{l}=\boldsymbol{L}-\boldsymbol{BX}_0$，$\boldsymbol{X}_0$ 为未知参数 $\boldsymbol{X}$ 的近似值，是常数，故 $\boldsymbol{l}$ 与 $\boldsymbol{L}$ 为同分布。$\hat{\boldsymbol{X}}$ 中各 $\hat{X}_i$ 为 $\boldsymbol{l}$ 的线性函数，故有 $\hat{X}_i\sim N(X_i,\sigma_0^2\boldsymbol{Q}_{\hat{X}_i\hat{X}_i})$，于是可作标准正态统计量为

$$u=\frac{\hat{X}_i-X_i}{\sigma_0\sqrt{\boldsymbol{Q}_{\hat{X}_i\hat{X}_i}}} \tag{2-2-13}$$

2. 由误差方程式(2-2-9)知，残差 V_i 是估值 $\hat{\boldsymbol{X}}$ 的线性函数，因此 V_i 也服从正态分布，即有 $V_i\sim N(E(V_i),\sigma_{V_i}^2=\sigma_0^2\boldsymbol{Q}_{V_iV_i})$，式中 $\boldsymbol{Q}_{V_iV_i}$ 在平差中可以求得。对于残差 V_i 也可作出如下标准正态统计量，即

$$u=\frac{V_i-E(V_i)}{\sigma_0\sqrt{\boldsymbol{Q}_{V_iV_i}}} \tag{2-2-14}$$

通过上述两例可以看出，对于线性平差系统而言，当 L 是正态变量时，所估的参数(如 $\hat{\boldsymbol{X}}$)及其函数(如 V)都服从正态分布，即有 $\hat{X}_i\sim N(X_i\sigma_{\hat{X}_i}^2)$，$V_i\sim N(E(V_i),\sigma_{V_i}^2)$ 等，均可作出

如式(2-2-13)、式(2-2-14)所示的标准正态统计量。标准正态统计量与具体平差方法无关，因为对于同一平差问题，虽然计算协因数(如 $\boldsymbol{Q}_{\hat{X}_i\hat{X}_i}$、$\boldsymbol{Q}_{V_iV_i}$)的方法随着不同平差方法而异，但其结果是惟一的。

二、卡埃平方(χ^2)分布统计量

在平差系统中，残差平方和 $\boldsymbol{V}^{\mathrm{T}}\boldsymbol{P}\boldsymbol{V}$ 是一个重要的统计量，在平差参数估计和假设检验中经常要用到，为此要了解其概率分布。

已知统计数学中的二次型分布定理为

设 $\boldsymbol{X}$ 服从 $N(\boldsymbol{\mu},\boldsymbol{\Sigma})$ 分布，$\boldsymbol{M}$ 为对称阵，且有 $\boldsymbol{M\Sigma}$ 为幂等阵，则二次型 $\boldsymbol{X}^{\mathrm{T}}\boldsymbol{M}\boldsymbol{X}$ 服从非中心化的 χ^2 分布，即

$$\boldsymbol{X}^{\mathrm{T}}\boldsymbol{M}\boldsymbol{X}\sim\chi^2_{(R(\boldsymbol{M}),\boldsymbol{\mu}^{\mathrm{T}}\boldsymbol{M}\boldsymbol{\mu})} \tag{2-2-15}$$

式中 $R(\boldsymbol{M})$ 为 $\boldsymbol{M}$ 的秩，为 χ^2 变量的自由度；$\boldsymbol{\mu},\boldsymbol{\Sigma}$ 分别为 $\boldsymbol{X}$ 的期望和方差；$\boldsymbol{\lambda}=\boldsymbol{\mu}^{\mathrm{T}}\boldsymbol{M}\boldsymbol{\mu}$ 为 χ^2 分布非中心参数；$\boldsymbol{M\Sigma}$ 幂等的意思是指具有性质 $\boldsymbol{M\Sigma M\Sigma}=\boldsymbol{M\Sigma}$。

下面按二次型分布定理，以间接平差为例，来导出残差平方和的概率分布。

将式(2-2-10)代入式(2-2-9)，得

$$\boldsymbol{V}=(\boldsymbol{B}\boldsymbol{Q}_{\hat{X}\hat{X}}\boldsymbol{B}^{\mathrm{T}}-\boldsymbol{Q})\boldsymbol{P}\boldsymbol{l}=-\boldsymbol{Q}_{VV}\boldsymbol{P}\boldsymbol{l} \tag{2-2-16}$$

式中顾及了 $\boldsymbol{Q}_{VV}=\boldsymbol{Q}-\boldsymbol{B}\boldsymbol{Q}_{\hat{X}\hat{X}}\boldsymbol{B}^{\mathrm{T}}$。由此可得残差平方和的计算式为

$$\boldsymbol{V}^{\mathrm{T}}\boldsymbol{P}\boldsymbol{V}=\boldsymbol{l}^{\mathrm{T}}\boldsymbol{P}\boldsymbol{Q}_{VV}\boldsymbol{P}\boldsymbol{Q}_{VV}\boldsymbol{P}\boldsymbol{l}=\boldsymbol{l}^{\mathrm{T}}\boldsymbol{P}\boldsymbol{Q}_{VV}\boldsymbol{P}\boldsymbol{l} \tag{2-2-17}$$

式中顾及了 $\boldsymbol{P}\boldsymbol{Q}_{VV}$ 为幂等阵，即有

$$\boldsymbol{P}\boldsymbol{Q}_{VV}\boldsymbol{P}\boldsymbol{Q}_{VV}=\boldsymbol{P}(\boldsymbol{Q}-\boldsymbol{B}\boldsymbol{Q}_{\hat{X}\hat{X}}\boldsymbol{B}^{\mathrm{T}})\boldsymbol{P}(\boldsymbol{Q}-\boldsymbol{B}\boldsymbol{Q}_{\hat{X}\hat{X}}\boldsymbol{B}^{\mathrm{T}})=(\boldsymbol{I}-\boldsymbol{P}\boldsymbol{B}\boldsymbol{Q}_{\hat{X}\hat{X}}\boldsymbol{B}^{\mathrm{T}})(\boldsymbol{I}-\boldsymbol{P}\boldsymbol{B}\boldsymbol{Q}_{\hat{X}\hat{X}}\boldsymbol{B}^{\mathrm{T}})=$$
$$\boldsymbol{I}-\boldsymbol{P}\boldsymbol{B}\boldsymbol{Q}_{\hat{X}\hat{X}}\boldsymbol{B}^{\mathrm{T}}-\boldsymbol{P}\boldsymbol{B}\boldsymbol{Q}_{\hat{X}\hat{X}}\boldsymbol{B}^{\mathrm{T}}+\boldsymbol{P}\boldsymbol{B}\boldsymbol{Q}_{\hat{X}\hat{X}}\boldsymbol{B}^{\mathrm{T}}=\boldsymbol{P}(\boldsymbol{Q}-\boldsymbol{B}\boldsymbol{Q}_{\hat{X}\hat{X}}\boldsymbol{B}^{\mathrm{T}})=\boldsymbol{P}\boldsymbol{Q}_{VV}$$

作统计量为

$$\frac{\boldsymbol{V}^{\mathrm{T}}\boldsymbol{P}\boldsymbol{V}}{\sigma_0^2}=\boldsymbol{l}^{\mathrm{T}}\,\frac{\boldsymbol{P}\boldsymbol{Q}_{VV}\boldsymbol{P}}{\sigma_0^2}\boldsymbol{l} \tag{2-2-18}$$

此式表明，左端的统计量可用以母矩阵 $\boldsymbol{P}\boldsymbol{Q}_{VV}\boldsymbol{P}/\sigma_0^2$ 的 $\boldsymbol{l}$ 二次型函数来表达。母矩阵 $\boldsymbol{M}=\dfrac{\boldsymbol{P}\boldsymbol{Q}_{VV}\boldsymbol{P}}{\sigma_0^2}$ 对称，因 $\boldsymbol{l}\sim N(BX,\sigma_0^2Q)$，$\boldsymbol{M\Sigma}=\dfrac{\boldsymbol{P}\boldsymbol{Q}_{VV}\boldsymbol{P}}{\sigma_0^2}\cdot\sigma_0^2\boldsymbol{Q}=\boldsymbol{P}\boldsymbol{Q}_{VV}$ 幂等，所以二次型式(2-2-18)满足上述分布定理。故有

$$\frac{\boldsymbol{V}^{\mathrm{T}}\boldsymbol{P}\boldsymbol{V}}{\sigma_0^2}\sim\chi^2_{(R(\boldsymbol{M}),(\boldsymbol{BX})^{\mathrm{T}}\boldsymbol{M}(\boldsymbol{BX}))} \tag{2-2-19}$$

亦即 $\boldsymbol{V}^{\mathrm{T}}\boldsymbol{P}\boldsymbol{V}/\sigma_0^2$ 为一个服从 χ^2 分布的统计量。

下面计算这个 χ^2 变量的自由度和非中心参数。

$$R(\boldsymbol{M})=R\left(\frac{\boldsymbol{P}\boldsymbol{Q}_{VV}\boldsymbol{P}}{\sigma_0^2}\right)=R(\boldsymbol{P}\boldsymbol{Q}_{VV}\boldsymbol{P})=R(\boldsymbol{P}\boldsymbol{Q}_{VV})$$

因为 $\boldsymbol{P}\boldsymbol{Q}_{VV}\boldsymbol{P}\boldsymbol{Q}_{VV}=\boldsymbol{P}\boldsymbol{Q}_{VV}$，$\boldsymbol{P}\boldsymbol{Q}_{VV}$ 为幂等阵，已知幂等阵的秩等于其迹(矩阵对角线元素之和符号为 tr)，则上式为

$$R(\boldsymbol{M})=\mathrm{tr}(\boldsymbol{P}\boldsymbol{Q}_{VV})=\mathrm{tr}\{\boldsymbol{P}(\boldsymbol{Q}-\boldsymbol{B}\boldsymbol{Q}_{\hat{X}\hat{X}}\boldsymbol{B}^{\mathrm{T}})\}=$$
$$\mathrm{tr}(\boldsymbol{I}-\boldsymbol{P}\boldsymbol{B}\boldsymbol{Q}_{\hat{X}\hat{X}}\boldsymbol{B}^{\mathrm{T}})=\mathrm{tr}(\underset{n,n}{\boldsymbol{I}})-\mathrm{tr}(\boldsymbol{P}\boldsymbol{B}\boldsymbol{Q}_{\hat{X}\hat{X}}\boldsymbol{B}^{\mathrm{T}})$$

考虑矩阵迹运算性质：$\mathrm{tr}(\boldsymbol{AB})=\mathrm{tr}(\boldsymbol{BA})$，有

$\mathrm{tr}(\boldsymbol{PBQ}_{\hat{X}\hat{X}}\boldsymbol{B}^{\mathrm{T}})=\mathrm{tr}(\boldsymbol{B}^{\mathrm{T}}\boldsymbol{PBQ}_{\hat{X}\hat{X}})=\mathrm{tr}(\boldsymbol{NN}^{-1})=\mathrm{tr}(\underset{t,t}{\boldsymbol{I}})=t$ 故最后可得

$$R(\boldsymbol{M})=n-t \tag{2-2-20}$$

亦即统计量 $\boldsymbol{V}^{\mathrm{T}}\boldsymbol{PV}/\sigma_0^2$ 的自由度为 $n-t$，它是平差系统的多余观测数。

非中心参数 λ 按二次型分布定理可计算如下。

$$\lambda=\boldsymbol{X}^{\mathrm{T}}\boldsymbol{B}^{\mathrm{T}}\ \frac{\boldsymbol{PQ}_{VV}\boldsymbol{P}}{\sigma_0^2}\boldsymbol{BX}=\frac{1}{\sigma_0^2}\{\boldsymbol{X}^{\mathrm{T}}\boldsymbol{B}^{\mathrm{T}}(\boldsymbol{P}-\boldsymbol{PBQ}_{\hat{X}\hat{X}}\boldsymbol{B}^{\mathrm{T}}\boldsymbol{P})\boldsymbol{BX}\}=$$

$$\frac{1}{\sigma_0^2}\{\boldsymbol{X}^{\mathrm{T}}\boldsymbol{B}^{\mathrm{T}}\boldsymbol{PBX}-\boldsymbol{X}^{\mathrm{T}}\boldsymbol{B}^{\mathrm{T}}\boldsymbol{PBX}\}=0$$

式中 $\boldsymbol{BX}=\boldsymbol{E}(\boldsymbol{l})$。由此可得式(2-2-19)为

$$\frac{\boldsymbol{V}^{\mathrm{T}}\boldsymbol{PV}}{\sigma_0^2}\sim\chi^2_{(f)},\quad f=n-t \tag{2-2-21}$$

亦即残差平方和除以单位权方差服从自由度为 f 的 χ^2 分布（中心化），分布自由度就是平差系统中的多余观测数。上式也可写成

$$\boldsymbol{V}^{\mathrm{T}}\boldsymbol{PV}\sim\sigma_0^2\chi^2_{(f)} \tag{2-2-22}$$

χ^2 分布统计量恒为正值，由图 2-4 可知，χ^2 统计量的概率表达式为

$$P\left\{\chi^2_{1-\frac{\alpha}{2}}<\frac{\boldsymbol{V}^{\mathrm{T}}\boldsymbol{PV}}{\sigma_0^2}<\chi^2_{\frac{\alpha}{2}}\right\}=p=1-\alpha \tag{2-2-23}$$

分位值 χ^2_{α}，$\chi^2_{1-\frac{\alpha}{2}}$ 可按 χ^2 统计量的自由度 f 及 α 查表得出。

虽然式(2-2-21)是以间接平差为例推导的，要说明的是，残差平方和为 $\chi^2_{(f)}$ 变量这一事实与具体平差方法无关，其自由度 f 不论如何计算，总是平差系统的多余观测数。

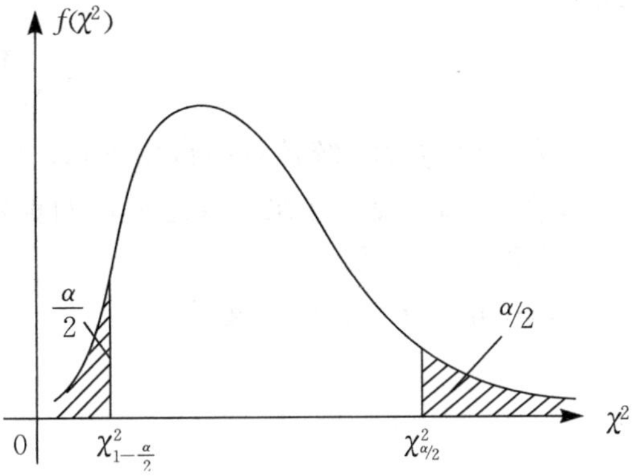

图 2-4

例 2-3　等权直接平差

设对未知量 $\boldsymbol{X}$ 的一组等权独立观测量为 $L_i(i=1,2,\cdots,n)$，则 $\boldsymbol{X}$ 的最小二乘估值为这组观测量的算术平均值，即

$$\hat{\boldsymbol{X}}=\overline{\boldsymbol{L}}=\frac{1}{n}\sum_{i=1}^{n}L_i,\quad L_i\sim N(\widetilde{L},\sigma^2)$$

残差 $V_i=\hat{\boldsymbol{X}}-L_i$，其平方和为 $\sum V_i^2$，自由度即多余观测数 $f=n-1$，则可构成 $\chi^2_{(f)}$ 统计量为

$$\chi^2_{(n-1)}=\frac{\sum V_i^2}{\sigma^2}=\frac{\boldsymbol{V}^{\mathrm{T}}\boldsymbol{V}}{\sigma^2}$$

式中 σ^2 为各 L_i 的方差。

例 2-4　附有限制条件的间接平差

误差方程及条件方程为

$$\underset{n,1}{\boldsymbol{V}}=\boldsymbol{B}\underset{u,1}{\hat{\boldsymbol{X}}}-\underset{n,1}{\boldsymbol{l}}$$

$$\underset{s,u}{\boldsymbol{C}}\hat{\boldsymbol{X}}+\underset{s,1}{\boldsymbol{W}_x}=0$$

解得

$$\hat{\boldsymbol{X}}=(\boldsymbol{N}_{BB}^{-1}-\boldsymbol{N}_{BB}^{-1}\boldsymbol{C}^{\mathrm{T}}\boldsymbol{N}_{CC}^{-1}\boldsymbol{C}\boldsymbol{N}_{BB}^{-1})\boldsymbol{B}^{\mathrm{T}}\boldsymbol{P}\boldsymbol{l}-\boldsymbol{N}_{BB}^{-1}\boldsymbol{C}^{\mathrm{T}}\boldsymbol{N}_{CC}^{-1}\boldsymbol{W}_x \tag{2-2-24}$$

$$\hat{\sigma}_0^2=\frac{\boldsymbol{V}^{\mathrm{T}}\boldsymbol{P}\boldsymbol{V}}{n-(u-s)} \tag{2-2-25}$$

相应的 $\chi^2_{(f)}$ 统计量为

$$\chi^2_{(f)}=\frac{\boldsymbol{V}^{\mathrm{T}}\boldsymbol{P}\boldsymbol{V}}{\sigma_0^2}\quad f=n-(u-s) \tag{2-2-26}$$

f 即为单位权方差估值的分母，多余观测数，因为 $u-s$ 就是函数独立的参数个数，即 $t=u-s$。本例公式及其符号参见文献[2]。

三、学生(t)分布统计量

式(2-2-3)所示的标准正态统计量 u，其分母 $\sigma_{\hat{X}_i}$ 为 $\hat{X}_i$ 的母体中误差，平差中 $\sigma_{\hat{X}_i}=\sigma_0\sqrt{Q_{\hat{X}_i\hat{X}_i}}$，$\sigma_0$ 为母体单位权中误差，在实际问题中经常是未知的。一个实际的想法是，用其平差计算的估值 $\hat{\sigma}_0$ 来代替 σ_0，这样所得的统计量就不是标准正态统计量 u，而是服从学生分布(t 分布)的统计量，例如与式(2-2-13)相应的 t 分布统计量记为

$$t_{(f)}=\frac{\hat{X}_i-X_i}{\hat{\sigma}_0\sqrt{Q_{\hat{X}\hat{X}}}} \tag{2-2-27}$$

式中

$$\hat{\sigma}_0=\sqrt{\frac{\boldsymbol{V}^{\mathrm{T}}\boldsymbol{P}\boldsymbol{V}}{f}},f=n-t \tag{2-2-28}$$

$\hat{\sigma}_0$ 恒为正值，f 为 t 统计量的自由度，即平差系统多余观测数，它是方差估值 $\hat{\sigma}_0^2$ 的分母，式(2-2-27)的 $t_{(f)}$ 是一个最为普遍应用的重要统计量。

下面给出证明。

概率论中 t 变量的定义是

$$t_{(f)}=\frac{u}{\sqrt{\frac{\chi^2_{(f)}}{f}}} \tag{2-2-29}$$

亦即 t 变量是标准正态变量 u 与 $\chi^2_{(f)}$ 变量除以自由度的开方根之比，而且 u 与 $\chi^2_{(f)}$ 互独立。

将式(2-2-13)的 u 和式(2-2-21)的 $\chi^2_{(f)}$ 代入上式，得

$$t_{(f)}=\frac{\hat{X}_i-X_i}{\sigma_0\sqrt{Q_{\hat{X}_i\hat{X}_i}}}\Bigg/\sqrt{\frac{\boldsymbol{V}^{\mathrm{T}}\boldsymbol{P}\boldsymbol{V}}{\sigma_0^2 f}}=\frac{\hat{X}_i-X_i}{\hat{\sigma}_0\sqrt{Q_{\hat{X}_i\hat{X}_i}}}$$

此即式(2-2-27)。因 V_i 与 $\hat{X}_i$ 互独立，故分子与分母两变量独立，符合 t 变量定义。

t 分布的密度函数曲线形如图 2-1 所示，相应的分位值为 $-t_{\frac{\alpha}{2}}$ 和 $t_{\frac{\alpha}{2}}$，则统计量 t 的概率表达式应为

$$P\left\{-t_{\frac{\alpha}{2}}<\frac{\hat{X}_i-X_i}{\hat{\sigma}_0\sqrt{Q_{\hat{X}_i\hat{X}_i}}}<t_{\frac{\alpha}{2}}\right\}=p=1-\alpha \tag{2-2-30}$$

分位值可以自由度 f 及 α 为引数由 t 分布表查得。

四、F 分布统计量

服从 F 分布的 F 变量，其定义是

$$F=\frac{\chi^2_{(f_1)}/f_1}{\chi^2_{(f_2)}/f_2} \tag{2-2-31}$$

而且 $\chi^2_{(f_1)}$ 与 $\chi^2_{(f_2)}$ 互独立。按此定义，可以构造为不同目的的方差比统计量。

例如用两架不同型号的仪器Ⅰ与Ⅱ对同一控制网进行了测量，经各自平差求得

$$仪器Ⅰ\quad \hat{\sigma}^2_{0\,\mathrm{I}}=(\boldsymbol{V}^{\mathrm{T}}\boldsymbol{PV})_{\mathrm{I}}/f_{\mathrm{I}} \tag{2-2-32}$$

$$仪器Ⅱ\quad \hat{\sigma}^2_{0\,\mathrm{II}}=(\boldsymbol{V}^{\mathrm{T}}\boldsymbol{PV})_{\mathrm{II}}/f_{\mathrm{II}} \tag{2-2-33}$$

各自平差所设置的单位权方差要相同，即 $\sigma^2_{0\,\mathrm{I}}=\sigma^2_{0\,\mathrm{II}}=\sigma^2_0$，为检验两架仪器测量精度是否相同，可按下面方法构造 F 统计量。

因为按式(2-2-21)，已知

$$(\boldsymbol{V}^{\mathrm{T}}\boldsymbol{PV})_{\mathrm{I}}/\sigma^2_0\sim\chi^2_{(f_{\mathrm{I}})}$$

$$(\boldsymbol{V}^{\mathrm{T}}\boldsymbol{PV})_{\mathrm{II}}/\sigma^2_0\sim\chi^2_{(f_{\mathrm{II}})}$$

代入定义式(2-2-31)，并顾及式(2-2-32)、式(2-2-33)，可得

$$F=\frac{\hat{\sigma}^2_{0\,\mathrm{I}}/\sigma^2_0}{\hat{\sigma}^2_{0\,\mathrm{II}}/\sigma^2_0}=\frac{\hat{\sigma}^2_{0\,\mathrm{I}}}{\hat{\sigma}^2_{0\,\mathrm{II}}}\sim F_{(f_{\mathrm{I}},f_{\mathrm{II}})} \tag{2-2-34}$$

F 变量有两个自由度，即分子自由度 f_{I} 和分母自由度 f_{II}。

如果 $\sigma^2_{0\,\mathrm{I}}\neq\sigma^2_{0\,\mathrm{II}}$，则 F 变量应为

$$F=\frac{\hat{\sigma}^2_{0\,\mathrm{I}}/\sigma^2_{0\,\mathrm{I}}}{\hat{\sigma}^2_{0\,\mathrm{II}}/\sigma^2_{0\,\mathrm{II}}} \tag{2-2-35}$$

而不是式(2-2-34)，或者说方差比式(2-2-34)不服从 F 分布。

F 分布的密度函数曲线图形因 f_{I} 和 f_{II} 值不同而异，F 值恒正。图形形状类似于 χ^2 分布图 2-4，其分位值相应为 $F_{1-\frac{\alpha}{2}}$ 和 $F_{\frac{\alpha}{2}}$，对于式(2-2-34)的概率表达式可表示为

$$P\{F_{1-\frac{\alpha}{2}}<\hat{\sigma}^2_{0\,\mathrm{I}}/\hat{\sigma}^2_{0\,\mathrm{II}}<F_{\frac{\alpha}{2}}\}=p=1-\alpha \tag{2-2-36}$$

在 F 分布表中，以 f_{I}，f_{II} 及 α 为引数，只能查出 $F_{\frac{\alpha}{2}}$，并没有列出 $F_{1-\frac{\alpha}{2}}$ 数表。为此，可将式(2-2-36)改为

当 $\hat{\sigma}^2_{0\,\mathrm{I}}>\hat{\sigma}^2_{0\,\mathrm{II}}$ 时，则式(2-2-36)要写成

$$P\{\hat{\sigma}^2_{0\,\mathrm{I}}/\hat{\sigma}^2_{0\,\mathrm{II}}<F_{\frac{\alpha}{2}}\}=p=1-\alpha \tag{2-2-37}$$

当 $\hat{\sigma}^2_{0\,\mathrm{I}}<\hat{\sigma}^2_{0\,\mathrm{II}}$ 时，则式(2-2-36)写成

$$P\{\hat{\sigma}^2_{0\,\mathrm{II}}/\hat{\sigma}^2_{0\,\mathrm{I}}<F_{\frac{\alpha}{2}}\}=p=1-\alpha \tag{2-2-38}$$

在式(2-2-34)中，如用母体单位权方差代替其分母的估值，可得统计量

$$F=\frac{\hat{\sigma}^2_0}{\sigma^2_0}\sim F_{(f_1,f_2)} \tag{2-2-39}$$

亦即其方差估值 $\hat{\sigma}^2$ 与其母体方差 σ^2 之比，F 仍是 F 统计量，分子自由度仍为 f_1，但分母自由度为∞，即 $F\sim F_{(f_1,\infty)}$。

§2-3　平差模型常用的统计检验方法

一个合理的、最优的平差系统，应该是起算数据正确，观测值是服从正态分布的随机量，定权合理，参数估计采用最优化准则，平差成果可靠。为了对平差系统进行质量控制，按实际问题的要求不同，要采用相应的统计检验方法。本节举例予以说明。

一、u 检验法

如果平差模型的母体单位权方差 σ_0^2 已知，要检验其中一个参数的理论值是否与一个已知常数相符，就可采用 u 检验法，u 为标准正态统计量，即采用 u 统计量的检验方法。

例如，对一控制网进行平差，要检验任一个观测值 L_i 的残差（改正数）V_i 其理论值是否为零，此时可建立原假设和备选假设为

$$H_0: E(V_i)=0 \quad H_1: E(V_i)\neq 0$$

检验统计量 u 按定义为式(2-2-3)，具体地为式(2-2-14)，即

$$u=\frac{V_i-E(V_i)}{\sigma_0\sqrt{Q_{V_iV_i}}} \tag{2-3-1}$$

式中 $E(V_i)$ 未知，题中已假设 σ_0 已知，$Q_{V_iV_i}$ 在平差中可以求出。

如果 H_0 正确，则 u 统计量式(2-3-1)为

$$u=\frac{V_i}{\sigma_0\sqrt{Q_{V_iV_i}}} \tag{2-3-2}$$

可以算出其数值。标准正态变量 u 必满足如下概率表达式（见式(2-2-4)）

$$P\left\{-u_{\frac{\alpha}{2}}<\frac{V_i}{\sigma_0\sqrt{Q_{V_iV_i}}}<u_{\frac{\alpha}{2}}\right\}=p=1-\alpha \tag{2-3-3}$$

选择 α 值，查正态分布表得 $u_{\frac{\alpha}{2}}$。

如果由式(2-3-2)计算的值满足上式，说明式(2-3-1)与式(2-3-2)在选定的 α 显著水平下，并无显著差别，H_0 应该成立，否则 H_0 不成立，即 H_1 成立，V_i 的理论值不为零。

由间接平差函数模型知

$$\boldsymbol{L}_i=\boldsymbol{B}_i\underset{t,1}{\boldsymbol{X}}+\boldsymbol{\Delta}_i$$

式中 $\boldsymbol{B}_i$ 为系数阵 $\boldsymbol{B}$ 中的第 i 行向量。将上式两边取期望，顾及真值 $\boldsymbol{X}$ 的期望 $E(\boldsymbol{X})=\boldsymbol{X}$ 及 $E(\boldsymbol{\Delta}_i)=0$，可得

$$E(\boldsymbol{L}_i)=\boldsymbol{B}_i\boldsymbol{X}$$

再由误差方程知

$$E(\boldsymbol{V}_i)=\boldsymbol{B}_iE(\hat{\boldsymbol{X}})-E(\boldsymbol{L}_i)$$

因 $E(\hat{\boldsymbol{X}})=\boldsymbol{X}$，故 $E(\boldsymbol{V}_i)=0$，亦即 $\boldsymbol{V}_i$ 的理论值应为零。

如果由式(2-3-2)计算的 u 不满足式(2-3-3)，说明 $\boldsymbol{V}_i$ 中可能存在系统误差或粗差。为保证平差系统成果的质量，必须查明原因，予以处理。

二、t 检验法

检验对象与 u 检验法一致，不同的仅是 $\boldsymbol{\sigma}_0$ 未知。采用服从 t 分布的统计量进行检验的方法称为 t 检验法。

例如，对一控制网进行平差，为了检查某一起算坐标是否正确或移动，可将该坐标也作为网中未知参数参与平差，通过平差检验该坐标的平差值的理论值（期望）是否与给定的起算坐标值相符。在已知地面坐标加密 GPS 网时经常要做这种检验，用来查明这些地面坐标能否作为 GPS 网平差的起算数据，此时检验的原假设和备选假设为

$$H_0: E(\hat{X}_i)=W_i, \quad H_1: E(\hat{X}_i)\neq W_i$$

其中：$\hat{X}_i$ 为坐标参数的平差值；W_i 为该坐标的已知值。检验统计量 t 为式(2-2-27)，即

$$t_{(f)}=\frac{\hat{X}_i-X_i}{\hat{\sigma}_0\sqrt{\boldsymbol{Q}_{\hat{X}_i\hat{X}_i}}} \tag{2-3-4}$$

式中：$X_i=E(\hat{X}_i)$；$t_{(f)}$ 为具有自由度 f 的 t 分布变量。当 H_0 成立时，则有

$$t_{(f)}=\frac{\hat{X}_i-w_i}{\hat{\sigma}_0\sqrt{\boldsymbol{Q}_{\hat{X}_i\hat{X}_i}}} \tag{2-3-5}$$

其概率表达式为式(2-2-30)，即

$$P\left\{-t_{\frac{\alpha}{2}}<\frac{\hat{X}_i-w_i}{\hat{\sigma}_0\sqrt{\boldsymbol{Q}_{\hat{X}_i\hat{X}_i}}}<t_{\frac{\alpha}{2}}\right\}=p=1-\alpha \tag{2-3-6}$$

按选定的显著水平 α，以 f 为引数可从 t 分布表中查得 $t_{\frac{\alpha}{2}}$ 值。如果计算的 $t_{(f)}$ 值不满足式(2-3-6)，说明在式(2-3-4)中不能用 w_i 代 $E(\hat{X}_i)=X_i$，即 w_i 不是 $\hat{X}_i$ 的理论值，说明该坐标值有了移动，作为网的起算数据不可信。

t 检验法的检验拒绝(H_0)域可记为

$$|t_{(f)}|=\left|\frac{\hat{X}_i-w_i}{\hat{\sigma}_0\sqrt{\boldsymbol{Q}_{\hat{X}_i\hat{X}_i}}}\right|>t_{\frac{\alpha}{2}} \tag{2-3-7}$$

式中 $\hat{\sigma}_0^2=\dfrac{\boldsymbol{V}^{\mathrm{T}}\boldsymbol{P}\boldsymbol{V}}{f}$，$\hat{\boldsymbol{X}}_i$，$\boldsymbol{Q}_{XX}$ 均可由平差求得。

例 2-5 为了比较两类激光测距仪，对同一条边进行了测距，A 仪器对该边施测了 4 测回，得长度为 x_1，x_2，x_3，x_4，其平均值 $\bar{x}=1287.689\mathrm{m}$，一测回标准差估值 $\hat{\sigma}_x=\sqrt{\dfrac{1}{4-1}\sum\limits_{i=1}^{4}(x_i-\bar{x})^2}=7\mathrm{mm}$；B 仪器对该边施测了 6 测回，得平均值 $\bar{y}=1287.676\mathrm{m}$，一测回标准差估值 $\hat{\sigma}_y=11\mathrm{mm}$，问这两类测距仪施测的边长是否有显著差别。

按题意就是要检验 $E(\bar{x})=E(\bar{y})$，故可给出原假设和备选假设为

$$H_0:E(\bar{x})-E(\bar{y})=0\ ,\quad H_1:E(\bar{x})-E(\bar{y})\neq 0$$

如果 H_0 成立，仿式(2-3-5)可作统计量 t，有

$$t_{(f)}=\frac{(\bar{x}-\bar{y})-0}{\hat{\sigma}_{(\bar{x}-\bar{y})}} \tag{2-3-8}$$

下面计算差数 $\bar{x}-\bar{y}$ 的标准差估值 $\hat{\sigma}_{(\bar{x}-\bar{y})}$：

$$\bar{x}=\frac{1}{4}\Sigma x_i\quad \sigma_{\bar{x}}^2=\frac{\sigma_x^2}{4};\qquad \bar{y}=\frac{1}{6}\Sigma y_i\quad \sigma_{\bar{y}}^2=\frac{\sigma_y^2}{6}$$

$$\hat{\sigma}_{(\bar{x}-\bar{y})}^2=\hat{\sigma}_{\bar{x}}^2+\sigma_{\bar{y}}^2=\frac{7^2}{4}+\frac{11^2}{6}=12.25+20.17=32.42,\hat{\sigma}_{(\bar{x}-\bar{y})}=5.7$$

代入式(2-3-8)得

$$t_{(f)}=\frac{13}{5.7}=2.28,\ f=4+6-2=10 \qquad \text{(多余观测数)}$$

以 $\alpha=0.05$，$f=10$ 查 t 分布表得 $t_{\frac{\alpha}{2}}=2.23$；以 $\alpha=0.01$，$f=10$ 查得 $t_{\frac{\alpha}{2}}=3.17$。

因 $|t_{(f)}|<3.17$，$|t_{(f)}|>2.23$，故知在 $\alpha=0.01$ 下接受 H_0，两仪器测距无显著差别。其差值 13mm 针对该两台仪器测距精度分析仍属偶然误差所致；而在 $\alpha=0.05$ 下判断，13mm 中可能存在系统误差。

α 的选择可视实际需要而定。这种检验的结论不能仅做一次而定，应在不同环境下多

做检验，并分析作出判断。

三、χ^2 检验法

如果平差系统的母体单位权方差 σ_0^2 已知，要检验通过平差获得的 σ_0^2 的估值 $\hat{\sigma}_0^2$（称为验后方差，相应地 σ_0^2 称为验前方差）与已知的 σ_0^2 是否一致，简称验前验后方差一致性检验，就要采用 χ^2 检验法，即采用 χ^2 统计量的检验方法。其检验的原假设和备选假设为

$$H_0: E(\hat{\sigma}_0^2)=\sigma_0^2,\ H_1: E(\hat{\sigma}_0^2)\neq\sigma_0^2$$

采用 χ^2 统计量式(2-2-21)，即

$$\chi^2_{(f)}=\frac{\boldsymbol{V}^{\mathrm{T}}\boldsymbol{PV}}{\sigma_0^2} \tag{2-3-9}$$

已知平差得到的单位权方差估值为

$$\hat{\sigma}_0^2=\frac{\boldsymbol{V}^{\mathrm{T}}\boldsymbol{PV}}{f} \tag{2-3-10}$$

如果验前和验后方差具有一致性，即 H_0 成立，则由式(2-3-10)中的 $\boldsymbol{V}^{\mathrm{T}}\boldsymbol{PV}$ 所作的统计量 $\chi^2_{(f)}$(2-3-9)，在 α 下应满式概率表达式(2-2-23)，即

$$P\left\{\chi^2_{1-\frac{\alpha}{2}}<\frac{\boldsymbol{V}^{\mathrm{T}}\boldsymbol{PV}}{\sigma_0^2}<\chi^2_{\frac{\alpha}{2}}\right\}=p=1-\alpha \tag{2-3-11}$$

故检验 H_0 的接受域为

$$(\chi^2_{1-\frac{\alpha}{2}},\ \chi^2_{\frac{\alpha}{2}})$$

否则拒绝 H_0 接受 H_1，此时式(2-3-9)的计算值 $\chi^2_{(f)}$ 落在接受域($\chi^2_{1-\frac{\alpha}{2}}$，$\chi^2_{\frac{\alpha}{2}}$)之外。

上述检验在测量平差中又称为平差模型正确性检验，一个合理的平差系统，必须通过这种检验。

例 2-6 图 2-5 为在已知点 A，B 中布设的水准网，观测数据如表 2-2 所示。试检验该网能否达到设计的每千米观测高差中误差 $\sigma_0=2.5\text{mm}$ 的要求。

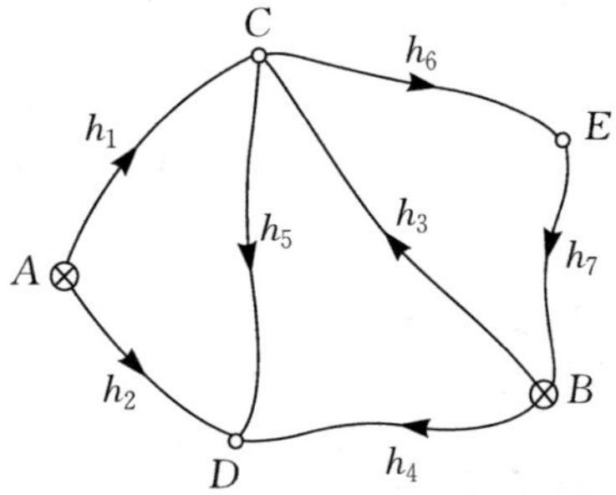

图 2-5

表 2-2 水准网观测数据

路线号	观测高差 h/m	水准路线长度 S/km	已知高程/m
1	+1.359	1.1	$H_A=5.016$
2	+2.009	1.7	$H_B=6.016$
3	+0.363	2.3	
4	+1.012	2.7	
5	+0.657	2.4	
6	+0.238	1.4	
7	−0.595	2.6	

水准网按条件平差列出条件方程为

$$v_1-v_2+v_5+7=0$$
$$v_3-v_4+v_5+8=0$$
$$v_3+v_6+v_7+6=0$$
$$v_2-v_4\qquad-3=0$$

以 $P_i=\frac{1}{S_i}$定权，即以 1km 观测高差为单位权观测，可得 $Q_{ii}=\frac{1}{P_i}=S_i$。

经条件本差(详细计算见文献[2]P90－91 例 5-7)，求得残差及其平方和为

$$\boldsymbol{V}=[-0.2\quad 2.9\quad -4.2\quad -0.1\quad -3.9\quad -0.6\quad -1.2]^{\mathrm{T}}(\mathrm{mm})$$

$$\boldsymbol{V}^{\mathrm{T}}\boldsymbol{PV}=19.80$$

以及 $\hat{\sigma}_0=\sqrt{\frac{\boldsymbol{V}^{\mathrm{T}}\boldsymbol{PV}}{r}}=\sqrt{\frac{\boldsymbol{V}^{\mathrm{T}}\boldsymbol{PV}}{4}}=2.2(\mathrm{mm})$

检验：$H_0:E(\hat{\sigma}_0^2)=\sigma_0^2=2.5^2$， $H_1:E(\hat{\sigma}_0^2)\neq\sigma_0^2$

$$\chi^2_{(4)}=\frac{\boldsymbol{V}^{\mathrm{T}}\boldsymbol{PV}}{\sigma_0^2}=\frac{19.80}{2.5^2}=3.17$$

以 $\alpha=0.05$，$f=4$ 查 χ^2 分布表得 H_0 的接受域为

$$(0.484,\ 11.1)$$

接受 H_0，该平差系统达到设计要求，可以应用。

如果经检验拒绝 H_0，说明该网观测精度或定权或起始数据可能存在问题，需要查明并改正。

例 2-7 图 2-6 为一导线网，共观测 10 个角度和 7 条边长，起算数据和观测值见表 2-3，表 2-4 所示。已知测角标准差 $\sigma_\beta=10''$，边长观测标准差 $\sigma_S=1.0\sqrt{S(\mathrm{m})}(\mathrm{mm})$，采用间接平差法。

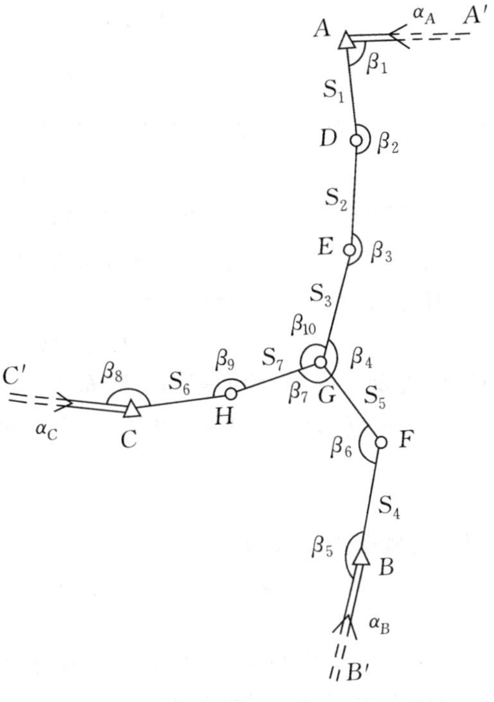

图 2-6

表 2-3 导线网起算数据

点名	X/m	Y/m	方位角
A	11 768.714	8 419.242	$\alpha_A=274°23'34''$
B	10 878.302	8 415.114	$\alpha_B=8°10'27''$
C	11 101.949	8 017.572	$\alpha_C=107°41'27''$

表 2-4 导线网观测数据

角号	角度观测值 (° ′ ″)	角号	角度观测值 (° ′ ″)	边号	边观测值/m	边号	边观测值/m
1	86 43 16	6	123 09 05	1	221.650	6	151.480
2	182 22 43	7	131 27 46	2	195.843	7	187.751
3	188 59 57	8	165 40 29	3	229.356		
4	115 23 37	9	165 59 58	4	189.781		
5	176 33 43	10	113 08 37	5	98.163		

本题 $n=17$，即有 17 个误差方程，其中有 10 个角度误差方程，7 个边长误差方程。必要观测数 $t=2\times5=10$。选取待定点坐标平差值为参数，即

$$\hat{\boldsymbol{X}}=[\hat{X}_D \quad \hat{Y}_D \quad \hat{X}_E \quad \hat{Y}_E \quad \hat{X}_F \quad \hat{Y}_F \quad \hat{X}_H \quad \hat{Y}_H \quad \hat{X}_G \quad \hat{Y}_G]^{\mathrm{T}}$$

在确定观测边和角的权比时，设以角度观测的中误差 $\sigma_\beta=10''$ 为单位权观测，即设 $\sigma_0=\sigma_\beta$，于是可定权如下：

角度观测值 $P_{\beta_i}=\dfrac{\sigma_0^2}{\sigma_{\beta_i}^2}=1 \quad (i=1,2,\cdots,10)$

边长观测值 $P_{S_j}=\dfrac{\sigma^2}{\sigma_{S_j}^2}=\dfrac{100}{\sigma_{S_j}^2} \quad (j=1,2,\cdots,7)$

经平差（详见文献[2]P137－P142，例 7-11）求得

$$\boldsymbol{V}^{\mathrm{T}}\boldsymbol{PV}=1113.9 \ , \quad \hat{\sigma}_0=\sqrt{\frac{1113.9}{17-10}}=12.6$$

现对该平差模型的正确性进行检验：

$$H_0:E(\hat{\sigma}_0^2)=\sigma_0^2=10^2 , \quad H_1:E(\hat{\sigma}_0^2)\neq 100$$

$$\chi^2_{(7)}=\frac{1113.9}{100}=11.14$$

以 $\alpha=0.05$ 和 $f=7$ 查 χ^2 分布表，得 H_0 接受域为

$$(1.69, \ 16.0)$$

计算的 $\chi^2_{(7)}=11.14$ 落在接受域内，H_0 成立，验前验后方差一致，平差成果可靠。

在§2-1　中已经指出，采用检验假设式(2-1-3)称为单尾检验。χ^2 检验常用单尾检验，其原假设和备选假设记为

$$H_0:E(\hat{\sigma}_0^2)=\sigma_0^2, \ H_1:E(\hat{\sigma}_0^2)>\sigma_0^2 \tag{2-3-12}$$

例如：在例 2-6 中，我们要问实际布测的水准网其精度是否等于或高于设计精度，即问是否 $E(\hat{\sigma}_0^2)\leqslant\sigma_0^2$，就要采用上述单尾检验法。此时的接受域为

$$\chi^2_{(f)}=\frac{\boldsymbol{V}^{\mathrm{T}}\boldsymbol{PV}}{\sigma_0^2}<\chi^2_\alpha \tag{2-3-13}$$

相应的概率表达式为

$$P\left\{\frac{\boldsymbol{V}^{\mathrm{T}}\boldsymbol{PV}}{\sigma_0^2}<\chi^2_\alpha\right\}=p=1-\alpha \tag{2-3-14}$$

对于例 2-6，以 $\alpha=0.05$，$f=4$ 查 χ^2 分布表得 $\chi^2_{0.05}=9.49$。该例 $\chi^2_{(4)}=3.17<9.49$，实测精度等于或高于设计精度可信。

四、F 检验法

如果有母体单位权方差 σ_0^2 相同的两个平差系统，要检验分别通过平差获得的两个单位权方差估值 $\hat{\sigma}_{01}^2$，$\hat{\sigma}_{02}^2$ 的理论值是否相同，亦即要检验两个平差系统的验后方差是否一致，此时要采用 F 检验法，即采用 F 统计量的检验方法，其检验的原假设和备选假设为

$$H_0:E(\hat{\sigma}_{01}^2)=E(\hat{\sigma}_{02}^2) \ , \quad H_1:E(\hat{\sigma}_{01}^2)\neq E(\hat{\sigma}_{02}^2)$$

采用 F 统计量式(2-2-34)，即

$$F=\hat{\sigma}_{01}^2/\hat{\sigma}_{02}^2 \tag{2-3-15}$$

式中 $\hat{\sigma}_{01}^2>\hat{\sigma}_{02}$，如果 H_0 成立，则式(2-3-15)为 F 变量，以选定的 α 和自由度 f_1 和 f_2 在 F 分布表中可查得 $F_{\frac{\alpha}{2}}$，H_0 的接受域为

$$F<F_{\frac{\alpha}{2}} \tag{2-3-16}$$

F 检验法也常作单尾检验。原假设和备选假设为

$$H_0: E(\hat{\sigma}_{0\,\mathrm{I}}^2) = E(\hat{\sigma}_{0\,\mathrm{II}}^2)\ ,\quad H_1: E(\hat{\sigma}_{0\,\mathrm{I}}^2) > E(\hat{\sigma}_{0\,\mathrm{II}}^2) \tag{2-3-17}$$

此时不论 $\hat{\sigma}_{0\,\mathrm{I}}^2$ 与 $\hat{\sigma}_{0\,\mathrm{II}}^2$ 谁大谁小，F 统计量总是

$$F = \hat{\sigma}_{0\,\mathrm{I}}^2 / \hat{\sigma}_{0\,\mathrm{II}}^2 \tag{2-3-18}$$

H_0 的接受域为

$$F < F_{\alpha} \tag{2-3-19}$$

例 2-8 设图 2-5 所示为某测区高程监测网，其中 A，B 为不动点，又 C，D，E 为变形点，在不同年代对该网进行了两期观测，1999 年 5 月观测第 Ⅰ 期，观测结果见表 2-2。2004 年 5 月又观测第 Ⅱ 期。为了进行变形分析，首先要分析两期的观测精度是否相同，即要检验两期的每千米观测高差的标准差是否相同。检验的原假设和备选假设为

$$H_0: E(\hat{\sigma}_{0\,\mathrm{I}}^2) = E(\hat{\sigma}_{0\,\mathrm{II}}^2)\ ,\quad H_1: E(\hat{\sigma}_{0\,\mathrm{I}}^2) \neq E(\sigma_{0\,\mathrm{II}}^2)$$

第 Ⅰ 期平差在例 2-6 中已求得

$$\hat{\sigma}_{0\,\mathrm{I}}^2 = \frac{19.80}{4} = 4.95$$

根据第 Ⅱ 期观测数据，平差求得

$$\hat{\sigma}_{0\,\mathrm{II}}^2 = \frac{26.81}{4} = 6.70$$

因 $\hat{\sigma}_{0\,\mathrm{II}}^2 > \hat{\sigma}_{0\,\mathrm{I}}^2$，故 F 统计量为

$$F = \hat{\sigma}_{0\,\mathrm{II}}^2 / \hat{\sigma}_{0\,\mathrm{I}}^2 = 6.70/4.95 = 1.35$$

以 $\alpha = 0.05$，分子自由度 $f_{\mathrm{II}} = 4$，分母自由度 $f_{\mathrm{I}} = 4$ 查 F 分布表，查得 $F_{\frac{\alpha}{2}} = 9.6$。$F = 1.35 < 9.6$，接受 H_0，判断两期观测精度相同。

§2-4 参数检验的线性假设法

上一节阐述了对一个参数的常用检验方法，本节介绍可以同时检验多个参数的线性假设法，这种方法在平差中有着广泛的应用。

一、线性假设法的原理

设平差的函数模型和随机模型为

$$\underset{n,1}{\boldsymbol{L}} = \underset{n,t}{\boldsymbol{B}}\ \underset{t,1}{\boldsymbol{X}} + \underset{n,1}{\boldsymbol{\Delta}} \tag{2-4-1}$$

$$\underset{n,n}{\boldsymbol{D}} = \sigma_0\ \underset{n,n}{\boldsymbol{Q}} = \sigma_0 \boldsymbol{P}^{-1} \tag{2-4-2}$$

式中 $\boldsymbol{B}$ 的秩 $R(\boldsymbol{B}) = t$，参数 $\boldsymbol{X}$ 相互函数独立，$\boldsymbol{X}$ 为真值，$E(\boldsymbol{\Delta}) = 0$，$|\boldsymbol{D}| \neq 0$，即 $\boldsymbol{L}$ 之间函数独立，这是经典间接平差模型。为了对多个参数进行检验，可建立原假设和备选假设为

$$H_0: \underset{c,t}{\boldsymbol{H}}\boldsymbol{X} = \underset{c,1}{\boldsymbol{W}}\quad ,\quad H_1: \underset{c,t}{\boldsymbol{H}}\boldsymbol{X} \neq \underset{c,1}{\boldsymbol{W}} \tag{2-4-3}$$

C 为原假设的个数。例如只检验一个参数 $H_0: X_1 = W_1$，则 $C = 1$，$\underset{1,t}{H} = (1\ 0 \cdots 0)$，$\underset{1,1}{W} = W_1$。如果 $H_0: X_1 = W_1, X_2 = W_2$，则有

$$\underset{2,t}{\boldsymbol{H}} = \begin{bmatrix} 1 & 0 & 0 & \cdots & 0 \\ 0 & 1 & 0 & \cdots & 0 \end{bmatrix},\quad \underset{2,1}{\boldsymbol{W}} = \begin{bmatrix} W_1 \\ W_2 \end{bmatrix}$$

线性假设法的基本思想是，将原假设 H_0 视为参数的条件方程列于平差的函数模型中，

将间接平差变成附有限制条件的间接平差问题。此时的误差方程和条件方程为

$$\underset{n,1}{\boldsymbol{V}}=\boldsymbol{B}\underset{t,1}{\hat{\boldsymbol{X}}}-\boldsymbol{l} \tag{2-4-4}$$

$$\underset{c,t}{\boldsymbol{H}}\hat{\boldsymbol{X}}=\underset{c,1}{\boldsymbol{W}} \tag{2-4-5}$$

先不顾及条件方程(2-4-5)，按原模型式(2-4-4)平差，可求得单位权方差 σ_0^2 的估值 $\hat{\sigma}_0^2$。联合式(2-4-4)和式(2-4-5)进行附有限制条件的间接平差，也可求出 σ_0^2 的另一个估值，记为 $\hat{\sigma}_{0R}^2$。如果这两个估值无显著差别，即 $E(\hat{\sigma}_0^2)=E(\hat{\sigma}_{0R}^2)$，则可认为条件式(2-4-5)已隐含在原模型式(2-4-4)之中，也就是说，这个限制条件式(2-4-5)在原模型的平差中实际上已经成立。

基于这种思想，原假设 $H_0:\underset{c,t}{\boldsymbol{H}}\hat{\boldsymbol{X}}=\underset{c,1}{\boldsymbol{W}}$ 是否成立，可通过下述的 F 检验法来实现，即将检验假设改为

$$H_0:E(\hat{\sigma}_{0R}^2)=E(\hat{\sigma}_0^2),H_1:E(\hat{\sigma}_{0R}^2)>E(\hat{\sigma}_0^2)$$

下面推导线性假设法的检验公式。

由单独平差误差方程式(2-4-4)，得法方程及其参数解为

$$\boldsymbol{B}^{\mathrm{T}}\boldsymbol{P}\boldsymbol{B}\hat{\boldsymbol{X}}=\boldsymbol{B}^{\mathrm{T}}\boldsymbol{P}\boldsymbol{l}$$

$$\hat{\boldsymbol{X}}=\boldsymbol{N}_{BB}^{-1}\boldsymbol{B}^{\mathrm{T}}\boldsymbol{P}\boldsymbol{l}=Q_{\hat{X}\hat{X}}B^{\mathrm{T}}Pl \tag{2-4-6}$$

式中 $\boldsymbol{N}_{BB}=\boldsymbol{B}^{\mathrm{T}}\boldsymbol{P}\boldsymbol{B},\boldsymbol{Q}_{\hat{X}\hat{X}}=\boldsymbol{N}_{BB}^{-1}$。残差平方和为

$$\boldsymbol{\Omega}=\boldsymbol{V}^{T}\boldsymbol{P}\boldsymbol{V}=(\boldsymbol{B}\hat{\boldsymbol{X}}-\boldsymbol{l})\boldsymbol{P}(\boldsymbol{B}\hat{\boldsymbol{X}}-\boldsymbol{l}) \tag{2-4-7}$$

单位权方差估值为

$$\hat{\sigma}_0^2=\frac{\boldsymbol{\Omega}}{n-t} \tag{2-4-8}$$

联合式(2-4-4)和式(2-4-5)作附有限制条件的间接平差。为此组成下列函数(为与单独平差时区别起见，这里将 $\hat{\boldsymbol{X}}$ 记为 $\hat{\boldsymbol{X}}_H$，$\boldsymbol{V}$ 记为 $\boldsymbol{V}_H$)。

$$\varphi=\boldsymbol{V}_H^{\mathrm{T}}\boldsymbol{P}\boldsymbol{V}_H+2K^{\mathrm{T}}(\boldsymbol{H}\hat{\boldsymbol{X}}_H-\boldsymbol{W})=\min$$

将 φ 对 $\hat{\boldsymbol{X}}$ 求偏导数并令其为零，得

$$\frac{\partial\varphi}{\partial\hat{X}_H}=2\boldsymbol{V}_H^{\mathrm{T}}\boldsymbol{P}\boldsymbol{B}+2\boldsymbol{K}^{\mathrm{T}}\boldsymbol{H}=0$$

或

$$\boldsymbol{B}^{\mathrm{T}}\boldsymbol{P}\boldsymbol{V}_H+\boldsymbol{H}^{\mathrm{T}}\boldsymbol{K}=0 \tag{2-4-9}$$

将误差方程代入，并联合条件方程，可组成法方程为

$$\left.\begin{aligned}\boldsymbol{N}_{BB}\hat{\boldsymbol{X}}_H+\boldsymbol{H}^{\mathrm{T}}\boldsymbol{K}&=\boldsymbol{B}^{\mathrm{T}}\boldsymbol{P}\boldsymbol{l}\\ \boldsymbol{H}\hat{\boldsymbol{X}}_{\mathrm{H}}&=\boldsymbol{W}\end{aligned}\right\} \tag{2-4-10}$$

对式(2-4-10)中第一式左乘 $\boldsymbol{H}\boldsymbol{N}_{BB}^{-1}$，减去第二式，可得

$$\boldsymbol{H}\boldsymbol{N}_{BB}^{-1}\boldsymbol{H}^{\mathrm{T}}\boldsymbol{K}=\boldsymbol{H}\boldsymbol{N}_{BB}^{-1}\boldsymbol{B}^{\mathrm{T}}\boldsymbol{P}\boldsymbol{l}-\boldsymbol{W}$$

代入式(2-4-10)中第一式，可解得

$$\begin{aligned}\hat{\boldsymbol{X}}_H&=\boldsymbol{N}_{BB}^{-1}\boldsymbol{B}^{\mathrm{T}}\boldsymbol{P}\boldsymbol{l}-\boldsymbol{N}_{BB}^{-1}\boldsymbol{H}^{\mathrm{T}}(\boldsymbol{H}\boldsymbol{N}_{BB}^{-1}\boldsymbol{H}^{\mathrm{T}})^{-1}(\boldsymbol{H}\boldsymbol{N}_{BB}^{-1}\boldsymbol{B}^{\mathrm{T}}\boldsymbol{P}\boldsymbol{l}-\boldsymbol{W})=\\ &\hat{\boldsymbol{X}}-\boldsymbol{N}_{BB}^{-1}\boldsymbol{H}^{\mathrm{T}}(\boldsymbol{H}\boldsymbol{N}_{BB}^{-1}\boldsymbol{H}^{\mathrm{T}})^{-1}(\boldsymbol{H}\hat{\boldsymbol{X}}-\boldsymbol{W})\end{aligned} \tag{2-4-11}$$

式中 $\hat{\boldsymbol{X}}$ 由式(2-4-6)计算。

由此可见，当式(2-4-5)成立时，$\hat{\boldsymbol{X}}_H=\hat{\boldsymbol{X}}$。

残差平方和记为 $\boldsymbol{\Omega}_H$，则有

$$\begin{aligned}\boldsymbol{\Omega}_H &= \boldsymbol{V}_H^{\mathrm{T}}\boldsymbol{P}\boldsymbol{V}_H = (\boldsymbol{B}\hat{\boldsymbol{X}}_H - \boldsymbol{l})^{\mathrm{T}}\boldsymbol{P}(\boldsymbol{B}\hat{\boldsymbol{X}}_H - \boldsymbol{l}) = \\ &[(\boldsymbol{B}\hat{\boldsymbol{X}} - \boldsymbol{l}) - \boldsymbol{B}(\hat{\boldsymbol{X}} - \hat{\boldsymbol{X}}_H)]^{\mathrm{T}}\boldsymbol{P}[(\boldsymbol{B}\hat{\boldsymbol{X}} - \boldsymbol{l}) - \boldsymbol{B}(\hat{\boldsymbol{X}} - \hat{\boldsymbol{X}}_H)] = \\ &\boldsymbol{V}^{\mathrm{T}}\boldsymbol{P}\boldsymbol{V} + (\hat{\boldsymbol{X}} - \hat{\boldsymbol{X}}_H)^{\mathrm{T}}\boldsymbol{B}^{\mathrm{T}}\boldsymbol{P}\boldsymbol{B}(\hat{\boldsymbol{X}} - \hat{\boldsymbol{X}}_H)\end{aligned} \tag{2-4-12}$$

式中顾及了交叉项为零，即

$$(\boldsymbol{B}\hat{\boldsymbol{X}} - \boldsymbol{l})^{\mathrm{T}}\boldsymbol{P}\boldsymbol{B}(\hat{\boldsymbol{X}} - \hat{\boldsymbol{X}}_H) = \boldsymbol{V}^{\mathrm{T}}\boldsymbol{P}\boldsymbol{B}(\hat{\boldsymbol{X}} - \hat{\boldsymbol{X}}_H) = 0$$

令式(2-4-12)右边第二项为 R，考虑式(2-4-11)，则

$$\begin{aligned}\boldsymbol{R} &= [\boldsymbol{N}_{BB}^{-1}\boldsymbol{H}^{\mathrm{T}}(\boldsymbol{H}\boldsymbol{N}_{BB}^{-1}\boldsymbol{H}^{\mathrm{T}})^{-1}(\boldsymbol{H}\hat{\boldsymbol{X}} - \boldsymbol{W})]^{\mathrm{T}}\boldsymbol{B}^{\mathrm{T}}\boldsymbol{P}\boldsymbol{B}[\boldsymbol{N}_{BB}^{-1}\boldsymbol{H}^{\mathrm{T}}(\boldsymbol{H}\boldsymbol{N}_{BB}^{-1}\boldsymbol{H}^{\mathrm{T}})^{-1}(\boldsymbol{H}\hat{\boldsymbol{X}} - \boldsymbol{W})] = \\ &(\boldsymbol{H}\hat{\boldsymbol{X}} - \boldsymbol{W})^{\mathrm{T}}(\boldsymbol{H}\boldsymbol{N}_{BB}^{-1}\boldsymbol{H}^{\mathrm{T}})^{-1}(\boldsymbol{H}\hat{\boldsymbol{X}} - \boldsymbol{W})\end{aligned} \tag{2-4-13}$$

于是式(2-4-12)可简写成

$$\boldsymbol{\Omega}_H = \boldsymbol{\Omega} + \boldsymbol{R} \tag{2-4-14}$$

亦即附有限制条件间接平差的残差平方和 $\boldsymbol{\Omega}_H$ 是原模型的残差平方和与向量$(\boldsymbol{H}\hat{\boldsymbol{X}} - \boldsymbol{W})$的一个二次型 $\boldsymbol{R}$ 之和，$\boldsymbol{R}$ 是考虑原假设条件后对 $\boldsymbol{\Omega}$ 的影响项。

前已证明：

$$\boldsymbol{\Omega}/\sigma_0^2 = \chi^2_{(n-t)}, \boldsymbol{\Omega}_H/\boldsymbol{\sigma}_{0R}^2 = \chi^2_{(n-t+c)}$$

式中 $\boldsymbol{\sigma}_{0R}^2$ 为 $\hat{\boldsymbol{\sigma}}_{0R}^2$ 的母体单位权方差，$n-t+c$ 为附加限制条件平差的多余观测数。如果原假设成立，按线性假设法的思想，$\hat{\sigma}_{0R}^2 = \sigma_0^2$. 在此前提下，对式(2-4-14)两边均除以 σ_0^2，得

$$\boldsymbol{\Omega}_H/\sigma_0^2 = \boldsymbol{\Omega}/\sigma_0^2 + \boldsymbol{R}/\sigma_0^2 \tag{2-4-15}$$

设有两个卡埃平方变量 $\chi^2_{(f_1)}$ 和 $\chi^2_{(f_2)}$，按其可加性定理，其和

$$\chi^2_{(f)} = \chi^2_{(f_1)} + \chi^2_{(f_2)}$$

也是卡埃平方变量，而且其自由度 $f = f_1 + f_2$.

由此可知式(2-4-15)中的 $\boldsymbol{R}/\sigma_0^2 = \chi^2_{(C)}$。又因 $\boldsymbol{\Omega}$ 是 $\boldsymbol{V}$ 的二次型，$\boldsymbol{R}$ 是 $\hat{\boldsymbol{X}}$ 的二次型，而 $\boldsymbol{V}$ 与 $\hat{\boldsymbol{X}}$ 不相关($\boldsymbol{Q}_{V\hat{X}} = 0$)，故式(2-4-15)右边两个 χ^2 变量不相关，按 F 统计量定义，可作统计量为

$$F = \frac{\boldsymbol{R}/\sigma_0^2 C}{\boldsymbol{\Omega}/\sigma_0^2(n-t)} = \frac{\boldsymbol{R}/C}{\boldsymbol{\Omega}/(n-t)} = \frac{\boldsymbol{R}/C}{\hat{\sigma}_0^2} \tag{2-4-16}$$

选取显著水平 α，以分子自由度 C，分母自由度 $n-t$ 为引数查得 F_α。

如果 $F < F_\alpha$ 说明 $\sigma_{0R}^2 = \sigma_0^2$，式(2-4-16)的 F 是服从 F 分布的统计量，原假设 $\boldsymbol{H}\boldsymbol{X} = \boldsymbol{W}$ 成立；如果 $F > F_\alpha$，说明 $\hat{\sigma}_{0R}^2 = \boldsymbol{R}/C$ 与 $\hat{\sigma}_0^2 = \boldsymbol{\Omega}/n-t$ 的母体方差有显著差别，原假设条件式(2-4-5)参与平差后显著地改变了原模型的平差精度，故判断原假设式(2-4-5)不予成立。

以上所述的线性假设法由 Koch 提出(参见文献[5]和[6])。

这里要指出，经检验 C 个原假设均成立，则其中每一个假设在同一显著水平 α 下一般也都成立；但 C 个原假设经检验不成立，并不能说明其中每一个假设都不成立，有可能其中的几个原假设是成立的。

二、特例

如果 $C=1$，只检验一个假设。设原假设和备选假设为

$$H_0: E(\hat{\boldsymbol{X}}_i) = \boldsymbol{W}_i \quad , \quad H_1: E(\hat{\boldsymbol{X}}_i) \neq \boldsymbol{W}_i$$

则由式(2-4-13)知：

$$\boldsymbol{R}=(\hat{\boldsymbol{X}}_i-\boldsymbol{W}_i)^{\mathrm{T}}\boldsymbol{Q}_{\hat{X}_i\hat{X}_i}^{-1}(\hat{\boldsymbol{X}}_i-\boldsymbol{W}_i)=\frac{(\hat{\boldsymbol{X}}_i-\boldsymbol{W}_i)^2}{\boldsymbol{Q}_{\hat{X}_i\hat{X}_i}}$$

由式(2-4-16)构成 F 统计量，即

$$F=\frac{(\hat{\boldsymbol{X}}_i-\boldsymbol{W}_i)^2}{\hat{\sigma}_0^2\boldsymbol{Q}_{\hat{X}_i\hat{X}_i}} \tag{2-4-17}$$

考虑 t 分布统计量与 F 分布统计量之间的关系，可得

$$t=F^{\frac{1}{2}}=\frac{\hat{\boldsymbol{X}}_i-\boldsymbol{W}_i}{\hat{\sigma}_0\sqrt{\boldsymbol{Q}_{\hat{X}_i\hat{X}_i}}} \tag{2-4-18}$$

这就是式(2-3-5)，可见式(2-3-5)也可由线性假设法导出。

第三章　回归模型的参数估计与假设检验

§3-1　概　述

在测量数据处理中，经常遇到要研究变量与变量之间的关系。变量之间的关系一般可分为两类。一类是变量之间具有确定性关系，称为函数相关。例如矩形面积 S 与其两边 a，b 之间存在确定性关系为 $S=ab$；一个平面三角形的一个内角 γ 与其他两个内角 α，β 之间关系为 $\gamma=180°-\alpha-\beta$；两点间的纵坐标增量 Δx 等于边长 S 乘以方位角 α 的余弦，即 $\Delta x=s\cos\alpha$ 等，这些变量之间可用一个确定的函数模型表达。在我们学过的“《误差理论与测量平差基础》”课程中，所讨论的大多是这种确定性的函数模型。

另一类是变量之间并不存在确定的函数关系，而是存在所谓相关关系，或者说是统计上的相关关系，称为统计相关。例如，每年春季气温与降雨量，人的高度与体重之间就存在着统计相关。这种现象在测绘学中也大量存在。例如测距结果与仪器中电子线路受固定的干扰信号引起误差之间；重力测量结果与气压、温度、地下水等因素之间；海平面变化与气象、海洋天文因素之间；断层位移与断层活动趋势、气温、地温、蒸发、降雨量之间等都是这种现象。这种统计相关的特点是，它们之间既存在着一定的制约关系，又不能由一个(或几个)变量数值精确地求出另一个变量的值来，由变量之间统计相关所建立的函数模型称为回归模型。

回归分析方法是研究相关关系的一种有力的数学工具。它是建立在对客观事物进行大量实验和观测的基础上，寻找隐藏在不确定性关系后面的统计性规律的数理统计方法。

在进行回归分析时，将研究相关关系的各变量分为自变量和因变量，例如因变量 y 随着 m 个自变量 $x_1,x_2,\cdots,x_m$ 而变化，y 是正态分布的随机量，观测数据$(y_i,x_{1i},x_{2i},\cdots,x_{mi})$ $(i=1,2\cdots,n)$，称为样本，如果因变量与自变量之间的关系为线性的，称为线性回归模型，否则，就称为非线性回归模型。在线性回归模型中，若自变量 x 的个数只有一个称为一元线性回归模型，自变量 x 的个数大于一个，称为多元线性回归模型。回归分析主要研究的问题是：

(1)如何根据样本$(y_i,x_{1i},x_{2i},\cdots,x_{mi})(i=1,2,\cdots,n)$建立回归模型；

(2)如何估计回归模型参数；

(3)如何检验模型参数的显著性；

(4)如何利用回归方程进行预报和控制。

§3-2　线性回归模型

设一个随机变量 y 与 m 个自变量 $x_1,x_2,...,x_m$ 之间存在线性形式的统计相关关系，因为它们并不是确定的函数关系，即使给定了 $x_1,x_2,...,x_m$ 之值也不惟一决定 y 值，因此

它们之间的表达式应写成为

$$y=\beta_0+\beta_1 x_1+\beta_2 x_2+\cdots+\beta_m x_m+\varepsilon \tag{3-2-1}$$

式中 ε 是随机误差，它是 $N(0\quad\sigma^2)$ 变量，即 ε 的期望 $E(\varepsilon)=0$，方差 $D(\varepsilon)=\sigma^2$。参数 β_j $(j=1,2,\cdots,m)$ 称为回归方程的系数。

取式(3-2-1)的期望和方差

$$E(y)=\beta_0+\beta_1 x_1+\beta_2 x_2+\cdots+\beta_m x_m \tag{3-2-2}$$

$$D(y)=D(\varepsilon)=\sigma^2 \tag{3-2-3}$$

式(3-2-2)说明 $\beta_0+\beta_1 x_1+\beta_2 x_2+\cdots+\beta_m x_m$ 是 $x_1,x_2,\cdots,x_m$ 对 y 的平均影响，随机变量 $y\sim N(E(y)\sigma^2)$。

式(3-2-1)是线性回归模型，式(3-2-2)是线性回归理论模型。

为了估计模型参数，需要对变量进行 n 次观测，得 n 组观测数据 $(y_i,x_{1i},x_{2i},\cdots,x_{mi})$ $(i=1,2,\cdots,n)$，代入方程(3-2-1)有 n 个方程

$$y_i=\beta_0+x_{1i}\beta_1+x_{2i}\beta_2+\cdots+x_{mi}\beta_m+\varepsilon_i\quad(i=1,2,\cdots,n) \tag{3-2-4}$$

其矩阵形式为

$$\underset{n,1}{\boldsymbol{Y}}=\underset{n,m+1}{\boldsymbol{X}}\;\underset{m+1,1}{\boldsymbol{\beta}}+\underset{n,1}{\boldsymbol{\varepsilon}} \tag{3-2-5}$$

这是回归参数估计的函数模型，其随机模型为

$$D(\boldsymbol{\varepsilon})=\sigma^2\underset{n,n}{\boldsymbol{I}} \tag{3-2-6}$$

式中：$\boldsymbol{I}$ 为单位阵；$\boldsymbol{Y}$ 为观测值向量；$\boldsymbol{\beta}$ 为待求的参数向量。

当观测数 $n>m+1$ 时，可用最小二乘原则估计参数 $\boldsymbol{\beta}$，设其估值为 $\hat{\boldsymbol{\beta}}$，代入式(3-2-2)可得 $E(y)$ 的估值 $\hat{y}$，即

$$\hat{y}=\hat{\beta}_0+\hat{\beta}_1 x_1+\hat{\beta}_2 x_2+\cdots+\hat{\beta}_m x_m \tag{3-2-7}$$

称为线性回归方程，给定一组数 $(x_1,x_2,\cdots,x_m)$ 由上式求出的 $\hat{y}$ 称为预报值。

如果将回归参数估计的函数模型式(3-2-5)和随机模型式(3-2-6)与测量中间接平差函数模型和随机模型相比较，可以看出，在不考虑模型物理性质前提下，两者的参数最小二乘估计模型形式完全一致。从这个意义上来说，线性回归模型的参数估计也可看成是一种等权观测的间接平差问题。因此，我们学过的间接平差理论和方法完全可以用于回归模型的参数估计。

§3-3　回归参数的最小二乘估计

一、一元线性回归参数估计

先以一个例子说明一元线性回归问题。

例 3-1　某水电站为了监测和预报库水位和大坝坝基沉陷量之间的关系，统计了某年 12 个月的月平均库水位和沉陷量的数据，如表 3-1 所示，试分析库水位与坝基沉陷量之间的关系。

表 3-1　观测数据

编号	库水位/m	沉陷量/mm	编号	库水位/m	沉陷量/mm
1	102.714	−1.96	7	135.046	−5.46
2	95.154	−1.88	8	140.373	−5.69
3	114.364	−3.96	9	144.958	−3.94
4	120.170	−3.31	10	141.011	−5.82
5	126.630	−4.94	11	130.308	−4.18
6	129.393	−5.69	12	121.234	−2.90

现以 x 轴表示库水位，以 y 轴表示大坝坝基沉陷量，作散点图（图 3-1）。认为，这些散点的分布可用一条直线方程表示，即 $y=\beta_0+\beta_1 x$，这是一元回归分析问题。

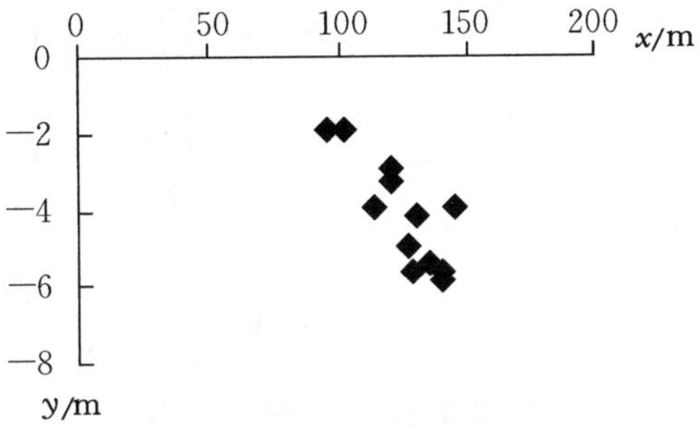

图　3-1

下面阐述参数估计原理。

为了估计参数 β_0,β_1，设对 y 进行 n 次独立观测 (y_i,x_i)，有

$$y_i=\beta_0+\beta_1 x_i+\varepsilon_i \quad (i=1,2,\cdots,n) \tag{3-3-1}$$

这是一元回归参数估计的函数模型。相应的理论模型为

$$E(y_i)=\beta_0+\beta_1 x_i \tag{3-3-2}$$

在回归分析中，假定自变量 x_i 是非随机变量，且没有测量误差。这就使我们研究的问题大大简化，令

$$\boldsymbol{Y}=[y_1\, y_2 \cdots y_n]^{\mathrm{T}},\boldsymbol{\varepsilon}=[\varepsilon_1\, \varepsilon_2 \cdots \varepsilon_n]^{\mathrm{T}}$$

$$\boldsymbol{X}=\begin{bmatrix}1 & x_1\\ 1 & x_2\\ \vdots & \vdots\\ 1 & x_n\end{bmatrix},\boldsymbol{\beta}=\begin{bmatrix}\beta_0\\ \beta_1\end{bmatrix}$$

则式(3-3-1)可写成矩阵形式

$$\boldsymbol{Y}=\boldsymbol{X\beta}+\boldsymbol{\varepsilon} \tag{3-3-3}$$

设 $\boldsymbol{V}$ 为误差 $\boldsymbol{\varepsilon}$ 的负估值，称为 $\boldsymbol{Y}$ 的改正数或残差，$\hat{\boldsymbol{\beta}}$为回归参数 $\boldsymbol{\beta}$ 的估值，则有误差方程

$$\boldsymbol{V}=\boldsymbol{X}\hat{\boldsymbol{\beta}}-\boldsymbol{Y} \tag{3-3-4}$$

根据最小二乘原理 $\boldsymbol{V}^{\mathrm{T}}\boldsymbol{V}=\min$，对 $\boldsymbol{V}^{\mathrm{T}}\boldsymbol{V}$ 求自由极值，得

$$\frac{\partial \boldsymbol{V}^{\mathrm{T}}\boldsymbol{V}}{\partial \hat{\boldsymbol{\beta}}}=2\boldsymbol{V}^{\mathrm{T}}\frac{\partial \boldsymbol{V}}{\partial \hat{\boldsymbol{\beta}}}=2\boldsymbol{V}^{\mathrm{T}}\boldsymbol{X}=0$$

即

$$\boldsymbol{X}^{\mathrm{T}}\boldsymbol{V}=0$$

将误差方程(3-3-4)代入上式，即得法方程为

$$\boldsymbol{X}^{\mathrm{T}}\boldsymbol{X}\hat{\boldsymbol{\beta}}=\boldsymbol{X}^{\mathrm{T}}\boldsymbol{Y} \tag{3-3-5}$$

式中

$$\boldsymbol{X}^{\mathrm{T}}\boldsymbol{X}=\begin{bmatrix} n & \sum_{i=1}^{n}x_i \\ \sum_{i=1}^{n}x_i & \sum_{i=1}^{n}x_i^2 \end{bmatrix},\quad \boldsymbol{X}^{\mathrm{T}}\boldsymbol{Y}=\begin{bmatrix} \sum_{i=1}^{n}y_i \\ \sum_{i=1}^{n}x_iy_i \end{bmatrix}$$

令

$$\left.\begin{aligned} &\bar{x}=\frac{1}{n}\sum_{i=1}^{n}x_i,\bar{y}=\frac{1}{n}\sum_{i=1}^{n}y_i \\ &S_{xx}=\sum_{i=1}^{n}(x_i-\bar{x})^2=\sum_{i=1}^{n}x_i^2-n\bar{x}^2 \\ &S_{xy}=\sum_{i=1}^{n}(x_i-\bar{x})(y_i-\bar{y})=\sum_{i=1}^{n}x_iy_i-n\,\overline{xy} \end{aligned}\right\} \tag{3-3-6}$$

则

$$\boldsymbol{X}^{\mathrm{T}}\boldsymbol{X}=\begin{bmatrix} n & n\bar{x} \\ n\bar{x} & S_{xx}+n\bar{x}^2 \end{bmatrix},\quad \boldsymbol{X}^{\mathrm{T}}\boldsymbol{Y}=\begin{bmatrix} n\bar{y} \\ S_{xy}+n\,\overline{xy} \end{bmatrix} \tag{3-3-7}$$

由此可得参数的最小二乘估值为

$$\hat{\boldsymbol{\beta}}=(\boldsymbol{X}^{\mathrm{T}}\boldsymbol{X})^{-1}\boldsymbol{X}^{\mathrm{T}}\boldsymbol{Y} \tag{3-3-8}$$

或

$$\hat{\boldsymbol{\beta}}=\frac{1}{S_{xx}}\begin{bmatrix} \frac{1}{n}(S_{xx}+n\bar{x}^2) & -\bar{x} \\ -\bar{x} & 1 \end{bmatrix}\begin{bmatrix} n\bar{y} \\ S_{xy}+n\,\overline{xy} \end{bmatrix}=\frac{1}{S_{xx}}\begin{bmatrix} \bar{y}S_{xx}-\bar{x}S_{xy} \\ S_{xy} \end{bmatrix}$$

$$\hat{\beta}_0=\bar{y}-\bar{x}\frac{S_{xy}}{S_{xx}}=\bar{y}-\bar{x}\hat{\beta}_1,\ \hat{\beta}_1=\frac{S_{xy}}{S_{xx}} \tag{3-3-9}$$

最后,一元线性回归方程为

$$\hat{y}=\hat{\beta}_0+\hat{\beta}_1x \tag{3-3-10}$$

相应的残差为

$$V=\hat{y}-y \tag{3-3-11}$$

观测值 y_i 的方差估值为

$$\hat{\sigma}^2=\frac{\boldsymbol{V}^{\mathrm{T}}\boldsymbol{V}}{n-2} \tag{3-3-12}$$

参数估值的精度评定。按间接平差理论由表 1-2 知,$\hat{\beta}$ 的协因数阵为

$$\boldsymbol{Q}_{\hat{\beta}\hat{\beta}}=(\boldsymbol{X}^{\mathrm{T}}\boldsymbol{X})^{-1}=\frac{1}{S_{xx}}\begin{bmatrix} \frac{1}{n}(S_{xx}+n\bar{x}^2) & -\bar{x} \\ -\bar{x} & 1 \end{bmatrix} \tag{3-3-13}$$

即

$$Q_{\hat{\beta}_0\hat{\beta}_0}=\frac{1}{n}+\frac{\bar{x}^2}{S_{xx}},\ Q_{\hat{\beta}_1\hat{\beta}_1}=\frac{1}{S_{xx}},\ Q_{\hat{\beta}_0\hat{\beta}_1}=-\frac{\bar{x}}{S_{xx}} \tag{3-3-14}$$

$\hat{\beta}$ 的方差估值为

$$\sigma_{\hat{\beta}_0}^2 = \hat{\sigma}^2\left(\frac{1}{n}+\frac{\overline{x}^2}{S_{xx}}\right), \quad \sigma_{\hat{\beta}_1}^2 = \hat{\sigma}^2\ \frac{1}{S_{xx}} \tag{3-3-15}$$

例 3-2 用例 3-1 观测的数据，求出表示大坝库水位和坝基沉陷量之间的一元线性回归方程。

解：(1)按式(3-3-9)计算 β_0,β_1。

$$\overline{x} = \frac{1}{12}\sum_{i=1}^{12} x_i = 125.1129, \quad \overline{y} = \frac{1}{12}\sum_{i=1}^{12} y_i = -4.144\ 2$$

$$S_{xx} = \sum_{i=1}^{n}(x_i-\overline{x})^2 = 2\ 579.9880$$

$$S_{xy} = \sum_{i=1}^{n}(x_i-\overline{x})(y_i-\overline{y}) = -194.9442$$

$$\hat{\beta} = \frac{S_{xy}}{S_{xx}} = \frac{-194.944\ 2}{2\ 579.988\ 0} = -0.075\ 6$$

$$\hat{\beta} = \overline{y} - \overline{x}\hat{\beta}_1 = 5.309\ 4$$

故回归方程为

$$\hat{y} = 5.3094 - 0.0756x$$

(2)按式(3-3-12)、式(3-3-15)评定参数估值的精度。

$$\hat{\sigma}^2 = \frac{\mathbf{V}^{\mathrm{T}}\mathbf{V}}{n-2} = \frac{7.4400}{12-2} = 0.7440(\mathrm{mm}^2)$$

$$\sigma_{\hat{\beta}_0}^2 = \hat{\sigma}^2\left(\frac{1}{n}+\frac{\overline{x}^2}{S_{xx}}\right) = 0.7440\times 6.1505 = 4.5760$$

$$\sigma_{\hat{\beta}_1}^2 = \hat{\sigma}^2\ \frac{1}{S_{xx}} = 0.7440\times 0.0004 = 0.0003$$

二、多元线性回归的最小二乘估计

一元线性回归模型中只有一个自变量，但在实际问题中，影响变量 Y 的因素往往不止一个，而包含多种影响的多个自变量，例如在大坝变形监测中，影响大坝的位移 Y 的因素有温度、水位压力等多个自变量，这就是多元回归问题，多元回归中最简单的是多元线性回归，其研究方法和思想与一元线性回归相同。

多元线性回归模型为

$$y = \beta_0 + \beta_1 x_1 + \beta_2 x_2 + \cdots + \beta_m x_m + \varepsilon \tag{3-3-16}$$

式中：$\beta_0,\beta_1,\cdots,\beta_m$ 是未知参数；$x_1,x_2,\cdots,x_m$ 是 m 个可测量并可控制的非随机变量；ε 是随机误差，和一元线性回归分析一样，假定 $E(\varepsilon)=0, D(\varepsilon)=\sigma^2$。

为了估计回归参数 $\beta_0,\beta_1,\cdots,\beta_m$ 及 σ^2，我们进行了 n 次观测，得 n 组观测数据$(y_i,x_{i1},x_{i2},\cdots,x_{im})$，$i=1,2,\cdots,n$，它们应有的回归关系可写为

$$\left.\begin{aligned} y_1 &= \beta_0 + \beta_1 x_{11} + \beta_2 x_{12} + \cdots + \beta_m x_{1m} + \varepsilon_1 \\ y_2 &= \beta_0 + \beta_1 x_{21} + \beta_2 x_{22} + \cdots + \beta_m x_{2m} + \varepsilon_2 \\ &\ \vdots \\ y_n &= \beta_0 + \beta_1 x_{n1} + \beta_2 x_{n2} + \cdots + \beta_m x_{nm} + \varepsilon_n \end{aligned}\right\} \tag{3-3-17}$$

此即为多元线性回归的函数模型。

若记

$$\underset{n,1}{\boldsymbol{Y}}=\begin{bmatrix} y_1 \\ y_2 \\ \vdots \\ y_n \end{bmatrix},\quad \underset{m+1,1}{\boldsymbol{\beta}}=\begin{bmatrix} \beta_0 \\ \beta_1 \\ \beta_2 \\ \vdots \\ \beta_m \end{bmatrix},\quad \underset{n,m+1}{\boldsymbol{X}}=\begin{bmatrix} 1 & x_{11} & x_{12} & \cdots & x_{1m} \\ 1 & x_{21} & x_{22} & \cdots & x_{2m} \\ \vdots & \vdots & \vdots & & \vdots \\ 1 & x_{n1} & x_{n2} & \cdots & x_{nm} \end{bmatrix},\quad \underset{n,1}{\boldsymbol{\varepsilon}}=\begin{bmatrix} \varepsilon_1 \\ \varepsilon_2 \\ \vdots \\ \varepsilon_n \end{bmatrix}$$

则有

$$\boldsymbol{Y}=\boldsymbol{X\beta}+\boldsymbol{\varepsilon} \tag{3-3-18}$$

由 $y_i, x_{i1}, x_{i2}, \cdots, x_{im}$ 求 $m+1$ 个未知的回归参数 $\beta_0, \beta_1, \cdots, \beta_m$ 的最小二乘估值 $\hat{\beta}_0, \hat{\beta}_1, \cdots, \hat{\beta}_m$ 可组成如下误差方程

$$\boldsymbol{V}=\boldsymbol{X}\hat{\boldsymbol{\beta}}-\boldsymbol{Y} \tag{3-3-19}$$

在最小二乘估计 $\boldsymbol{V}^{\mathrm{T}}\boldsymbol{V}=\min$ 的准则下，得法方程为

$$\boldsymbol{X}^{\mathrm{T}}\boldsymbol{X}\hat{\boldsymbol{\beta}}=\boldsymbol{X}^{\mathrm{T}}\boldsymbol{Y} \tag{3-3-20}$$

可解得

$$\hat{\boldsymbol{\beta}}=(\boldsymbol{X}^{\mathrm{T}}\boldsymbol{X})^{-1}\boldsymbol{A}^{\mathrm{T}}\boldsymbol{Y} \tag{3-3-21}$$

求得回归参数后，可得到多元线性回归方程为

$$\hat{\boldsymbol{Y}}=\hat{\beta}_0+\hat{\beta}_1x_1+\hat{\beta}_2x_2+\cdots+\hat{\beta}_mx_m=\boldsymbol{X}\hat{\boldsymbol{\beta}} \tag{3-3-22}$$

以及残差为

$$\boldsymbol{V}=\hat{\boldsymbol{Y}}-\boldsymbol{Y} \tag{3-3-23}$$

参数估值的精度评定：$\hat{\boldsymbol{\beta}}$的协因数及方差为

$$\boldsymbol{Q}_{\hat{\beta}\hat{\beta}}=(X^{\mathrm{T}}X)^{-1} \tag{3-3-24}$$

$$D(\hat{\boldsymbol{\beta}})=\boldsymbol{\sigma}^2\boldsymbol{Q}_{\hat{\beta}\hat{\beta}} \tag{3-3-25}$$

观测值 $\boldsymbol{Y}$ 的方差估值为

$$\hat{\sigma}^2=\frac{\boldsymbol{V}^{\mathrm{T}}\boldsymbol{V}}{n-(m+1)} \tag{3-3-26}$$

对参数估值$\hat{\boldsymbol{\beta}}$的函数$\hat{\boldsymbol{Y}}$及 $\boldsymbol{V}$ 的精度估计，由式(3-3-22)知$\hat{\boldsymbol{Y}}$的方差为

$$D(\hat{\boldsymbol{Y}})=\boldsymbol{\sigma}^2\boldsymbol{X}\boldsymbol{Q}_{\hat{\beta}\hat{\beta}}\boldsymbol{X}^{\mathrm{T}}=\boldsymbol{\sigma}^2\boldsymbol{X}(\boldsymbol{X}^{\mathrm{T}}\boldsymbol{X})^{-1}\boldsymbol{X}^{\mathrm{T}} \tag{3-3-27}$$

因为 $\boldsymbol{V}$ 与 $\hat{\boldsymbol{Y}}$ 不相关，即 $\boldsymbol{\sigma}_{V\hat{Y}}=0$ 或 $\boldsymbol{Q}_{V\hat{Y}}=0$(见表 1-2)，故由式(3-3-23)知 $\boldsymbol{Y}=\hat{\boldsymbol{Y}}-\boldsymbol{V}$，可得

$$D(\boldsymbol{Y})=D(\hat{\boldsymbol{Y}})+D(\boldsymbol{V})$$

$$D(\boldsymbol{V})=D(\boldsymbol{Y})-D(\hat{\boldsymbol{Y}})=\boldsymbol{\sigma}^2[I-\boldsymbol{X}(\boldsymbol{X}^{\mathrm{T}}\boldsymbol{X})^{-1}\boldsymbol{X}^{\mathrm{T}}] \tag{3-3-28}$$

以上结果也可直接由表 1-2 查得。

§3-4 线性回归模型的统计分布和统计性质

一、$\boldsymbol{Y}, \hat{\boldsymbol{\beta}}, \hat{\boldsymbol{Y}}, \boldsymbol{V}$ 均为正态变量

在线性回归模型中，假定 Y 为具有期望 E(Y)、方差 $D(\boldsymbol{Y})$的正态变量，即 $\boldsymbol{Y}\sim N(E(\boldsymbol{Y}),$

$D(\boldsymbol{Y})$)。根据正态变量的线性函数仍为正态变量的统计理论，由式(3-3-21)、式(3-3-22)及式(3-3-23)知$\hat{\boldsymbol{\beta}}$,$\hat{\boldsymbol{Y}}$和$\boldsymbol{V}$都是$\boldsymbol{Y}$的线性函数，故$\hat{\boldsymbol{\beta}}$,$\hat{\boldsymbol{Y}}$,$\boldsymbol{V}$都是正态变量，即有

$$\left.\begin{aligned}&\hat{\boldsymbol{\beta}}\sim N(\boldsymbol{\beta},D(\hat{\boldsymbol{\beta}}))\\&\hat{\boldsymbol{Y}}\sim N(E(\hat{\boldsymbol{Y}}),D(\hat{Y}))\\&\boldsymbol{V}\sim N(E(\boldsymbol{V}),D(\boldsymbol{V}))\end{aligned}\right\}\tag{3-4-1}$$

式中

$$\boldsymbol{E}(\boldsymbol{V})=E(\boldsymbol{X}\hat{\boldsymbol{\beta}})-E(\boldsymbol{Y})=\boldsymbol{X\beta}-\boldsymbol{X\beta}=0$$

二、$\hat{\boldsymbol{\beta}}$是$\boldsymbol{\beta}$的无偏估计

将式(3-3-18)两边取期望，得

$$E(\boldsymbol{Y})=E(\boldsymbol{X\beta})+E(\boldsymbol{\varepsilon})=\boldsymbol{X\beta}\tag{3-4-2}$$

故有

$$\boldsymbol{E}(\hat{\boldsymbol{\beta}})=E[(\boldsymbol{X}^{\mathrm{T}}\boldsymbol{X}^{-1})\boldsymbol{X}^{\mathrm{T}}\boldsymbol{Y}]=(\boldsymbol{X}^{\mathrm{T}}\boldsymbol{X})^{-1}\boldsymbol{X}^{\mathrm{T}}E(\boldsymbol{Y})=\boldsymbol{\beta}\tag{3-4-3}$$

三、$\hat{\beta}$是β的最优线性无偏估计

如果估计量无偏，而且具有方差最小性，则称估计量为最优线性无偏估计。

设线性回归模型式(3-2-5)、式(3-2-6)的最优线性无偏估计$\hat{\boldsymbol{\beta}}$的任一线性函数为

$$\boldsymbol{G}^{\mathrm{T}}\hat{\boldsymbol{\beta}}=\boldsymbol{F}^{\mathrm{T}}\boldsymbol{Y}\tag{3-4-4}$$

如果$\hat{\boldsymbol{\beta}}$为$\boldsymbol{\beta}$的无偏估计，必有

$$E(\boldsymbol{G}^{\mathrm{T}}\hat{\boldsymbol{\beta}})=\boldsymbol{F}^{\mathrm{T}}E(\boldsymbol{Y})=\boldsymbol{F}^{\mathrm{T}}\boldsymbol{X\beta}=\boldsymbol{G}^{\mathrm{T}}\boldsymbol{\beta}$$

即下列等式必须成立

$$\boldsymbol{F}^{\mathrm{T}}\boldsymbol{X}=\boldsymbol{G}^{\mathrm{T}}\tag{3-4-5}$$

这是无偏性条件方程。

线性函数$\boldsymbol{G}^{\mathrm{T}}\hat{\boldsymbol{\beta}}$的方差为

$$D(\boldsymbol{G}^{\mathrm{T}}\hat{\boldsymbol{\beta}})=\boldsymbol{F}^{\mathrm{T}}D(\boldsymbol{Y})\boldsymbol{F}=\boldsymbol{\sigma}^2\boldsymbol{F}^{\mathrm{T}}\boldsymbol{F}\tag{3-4-6}$$

如果$\hat{\boldsymbol{\beta}}$是无偏的而是具有方差最小性，就必须在满足无偏条件式(3-4-5)的前提下，$\boldsymbol{G}\hat{\boldsymbol{\beta}}$的方差为最小，即应满足如下条件极值式

$$\varphi=\boldsymbol{F}^{\mathrm{T}}\boldsymbol{F}-2\boldsymbol{K}^{\mathrm{T}}(\boldsymbol{F}^{\mathrm{T}}\boldsymbol{X}-\boldsymbol{G}^{\mathrm{T}})=\min$$

式中变量为$\boldsymbol{F}$，故有

$$\frac{\partial\varphi}{\partial\boldsymbol{F}}=2\boldsymbol{F}^{\mathrm{T}}-2\boldsymbol{K}^{\mathrm{T}}\boldsymbol{X}^{\mathrm{T}}=0$$

$$\boldsymbol{F}^{\mathrm{T}}=\boldsymbol{K}^{\mathrm{T}}\boldsymbol{X}^{\mathrm{T}}\tag{3-4-7}$$

代入条件式(3-4-5)，得

$$\boldsymbol{K}^{\mathrm{T}}\boldsymbol{X}^{\mathrm{T}}\boldsymbol{X}=\boldsymbol{G}^{\mathrm{T}}$$

$$\boldsymbol{K}=(\boldsymbol{X}^{\mathrm{T}}\boldsymbol{X})^{-1}\boldsymbol{G}$$

代入式(3-4-7)得

$$\boldsymbol{F}^{\mathrm{T}}=\boldsymbol{G}^{\mathrm{T}}(\boldsymbol{X}^{\mathrm{T}}\boldsymbol{X})^{-1}\boldsymbol{X}^{\mathrm{T}} \tag{3-4-8}$$

代入式(3-4-4)即得

$$\boldsymbol{G}^{\mathrm{T}}\hat{\boldsymbol{\beta}}=\boldsymbol{G}^{\mathrm{T}}(\boldsymbol{X}^{\mathrm{T}}\boldsymbol{X})^{-1}\boldsymbol{X}^{\mathrm{T}}\boldsymbol{Y} \tag{3-4-9}$$

或

$$\hat{\boldsymbol{\beta}}=(\boldsymbol{X}^{\mathrm{T}}\boldsymbol{X})^{-1}\boldsymbol{X}^{\mathrm{T}}\boldsymbol{Y} \tag{3-4-10}$$

所以$\hat{\boldsymbol{\beta}}$为$\boldsymbol{\beta}$的最优线性无偏估计。

四、$\hat{\sigma}^2$ 是 σ^2 的无偏估计

按式(2-2-21)知,回归分析中残差平方和除以观测值母体方差 $\boldsymbol{\sigma}^2$ 为具有自由度 $f=n-(m+1)$ 的 χ^2 分布变量,即

$$\frac{\mathbf{V}^{\mathrm{T}}\mathbf{V}}{\sigma^2}\sim\chi^2_{(f)} \tag{3-4-11}$$

按 χ^2 变量性质,χ^2 变量的期望等于该变量的自由度,故有

$$E(\frac{\mathbf{V}^{\mathrm{T}}\mathbf{V}}{\sigma^2})=f=n-(m+1)$$

即

$$E(\hat{\sigma}^2)=E\left(\frac{\mathbf{V}^{\mathrm{T}}\mathbf{V}}{n-(m+1)}\right)=\sigma^2 \tag{3-4-12}$$

$\hat{\sigma}^2$ 为 σ^2 的无偏估计。

§3-5 回归模型和回归系数的显著性检验

在实际问题中,我们事先并不能断定 y 与 $x_1,x_2,\cdots,x_m$ 之间有线性关系,如在一元回归分析中,试验点不那么接近一条直线,虽然这时也可用最小二乘法得到一条回归直线,但这条直线并没有很好地反映变量 x 和 y 的实际关系,没有应用价值。因此,必须有一个数量性指标来描述两个变量间线性相关的程度,这一指标通常采用相关系数。对于一元线性回归方程,检验 y 与 x 是否相关即为检验回归方程是否显著。除了相关系数检验,还可用方差分析法。对于多元线性回归模型,回归方程显著并不意味着每个自变量 $x_1,x_2,\cdots,x_m$ 对 y 的影响都是一样重要的,可能有的变量有重要作用,而有的则可有可无,也就是说自变量中有主要因素和次要因素之分,因此,除了要进行回归方程显著性检验,还需要对回归系数进行显著性检验。

一、相关系数及其检验

一元线性回归方程的前提是变量 y 与 x 应存在线性的统计相关,因此,必须有一个数量性指标来描述两个变量间线性相关的程度,这一指标通常采用相关系数。

1. 相关系数

设有两个变量 x 与 y,其方差分别为 σ_x^2,σ_y^2,协方差为 σ_{xy},则其相关系数定义为

$$\rho=\frac{\sigma_{xy}}{\sigma_x\sigma_y} \tag{3-5-1}$$

相关系数 ρ 的值域为

$$-1\leqslant\rho\leqslant 1 \tag{3-5-2}$$

现证明如下。

设 a 和 b 为任何实常数，则

$$c=[(x-E(x))a+(y-E(y))b]^2$$

是二维随机变量的函数，$c\geqslant 0$，其期望 $E(c)\geqslant 0$ 即有

$$\begin{aligned}E(c)&=E[x-E(x)]^2a^2+2E[x-E(x)][y-E(y)]ab+E[y-E(y)]^2b^2\\&=a^2\sigma_x^2+2ab\sigma_{xy}+b^2\sigma_y^2\geqslant 0\end{aligned} \tag{3-5-3}$$

因为对于任一分布而言，σ_y^2 和 σ_{xy} 是常数。故可设 $a=\sigma_y^2,b=-\sigma_{xy}$，则上式为

$$\sigma_y^4\sigma_x^2-2\sigma_y^2\sigma_{xy}^2+\sigma_{xy}^2\sigma_y^2\geqslant 0$$

$$\sigma_y^2\sigma_x^2-\sigma_{xy}^2\geqslant 0$$

故有

$$\sigma_{xy}^2\leqslant\sigma_x^2\sigma_y^2 \tag{3-5-4}$$

式(3-5-2)得证。

因为 σ_x 和 σ_y 皆为正，故 ρ 与 σ_{xy} 同正负。ρ 为正称 y 与 x 正相关，ρ 为负称 y 与 x 负相关，当 $\rho=0$ 时，称为 y 与 x 不相关。

设有数据$(x_i,y_i)(i=1,2,\cdots,n)$，则其方差协方差的估值(子样方差、协方差)为

$$\left.\begin{aligned}\hat{\sigma}_x^2&=\frac{1}{n}\sum_{i=1}^{n}(x_i-\bar{x})^2\\\hat{\sigma}_y^2&=\frac{1}{n}\sum_{i=1}^{n}(y_i-\bar{y})^2\\\hat{\sigma}_{xy}&=\frac{1}{n}\sum_{i=1}^{n}[(x_i-\bar{x})(y_i-\bar{y})]\end{aligned}\right\} \tag{3-5-5}$$

则相关系数估值(子样相关系数)为

$$\hat{\rho}=\frac{\sum\limits_{i=1}^{n}(x_i-\bar{x})(y_i-\bar{y})}{\sqrt{\sum\limits_{i=1}^{n}(x_i-\bar{x})^2\sum\limits_{i=1}^{n}(y_i-\bar{y})^2}}=\frac{S_{xy}}{\sqrt{S_{xx}S_{yy}}} \tag{3-5-6}$$

式中顾及了式(3-3-6)及令 $S_{yy}=\sum\limits_{i=1}^{n}(y_i-\bar{y})^2$。

2. 相关系数检验

要检验变量 y 与 x 是否相关，可建立原假设和备选假设为

$$H_0:E(\hat{\rho})=\rho=0$$

$$H_1:\rho\neq 0$$

为了检验 H_0，可选取式(3-5-6)的 $\hat{\rho}$ 为统计量，为此要研究子样相关系数 $\hat{\rho}$ 的概率分布。

在文献 4 中已导出在原假设成立($\rho=0$)时，$\hat{\rho}$ 的密度函数为

$$f(\hat{\rho})=\frac{\Gamma\left(\frac{n-1}{2}\right)}{\sqrt{\pi}\Gamma\left[\frac{n-2}{2}\right]}(1-\hat{\rho}^2)^{\frac{n-4}{2}} \tag{3-5-7}$$

即当 $\rho=0$ 时，$\hat{\rho}$ 是具有概率密度为式(3-5-7)的 $\hat{\rho}$ 分布统计量，其自由度 $f=n-2$。据此，在一定显著水平 α 下编制了相关系数表，表中自由度 $f=n-2$(见参考文献[4])。

如果由式(3-5-6)计算的 $\hat{\rho}$，大于以 f 和 α 为引数由表中查得的 ρ_α 值，即 $|\hat{\rho}|>\rho_\alpha$，说明 $\rho\neq0$，y 与 x 统计相关，若 $|\hat{\rho}|<\rho_\alpha$，则认为在 α 水平下 y 与 x 不相关，这就是相关系数检验方法。

例 3-3 同例 3-2，试用相关系数检验该直线回归方程的显著性。

解：$H_0:\rho=0, H_1:\rho\neq0$

计算统计量

$$\hat{\rho}=\frac{S_{xy}}{\sqrt{S_{xx}S_{yy}}}=\frac{-194.94}{\sqrt{2580.00\times22.17}}=-0.8151$$

以 $\alpha=0.05$，$f=12-2=10$ 查相关系数表得 $\rho_\alpha=0.578$，因 $|\hat{\rho}|>0.578$，y 与 x 统计相关，直线回归模型有效。

在多元线性回归模型中，相关系数还可用来判断模型中的主要参数和次要参数以及两参数间是否相关，这也是多元线性回归分析的一个重要内容。在式(3-3-19)中令

$$\underset{n,m+1}{\boldsymbol{X}}=(x_0 \quad x_1 \quad x_2 \quad \cdots \quad x_m)$$

则该式为

$$\boldsymbol{V}=\hat{\beta}_0+\hat{\beta}_1x_1+\hat{\beta}_2x_2+\cdots+\hat{\beta}_mx_m-y$$

通过各 $x_j(j=1,2,\cdots,m)$ 与 y 的相关系数检验，相关性强的相应参数 β_j 就是主要参数，相关系数检验接受 H_0 的相应参数可考虑在模型中予以剔除。类似地，通过对 x_j 与 x_k 的相关系数检验，可判断相应参数 β_j 与 β_k 是否相关，在建模时也要考虑这一相关因素。

二、 方差分析法

采用方差分析法进行回归方程总体显著性检验。

设随机变量 y 的 n 个观测值之间的差异，用观测值 y_i 与其平均值 $\bar{y}$ 的偏差平方和来表示，称为总偏差平方和，记为

$$S_{总}=\sum_{i=1}^{n}(y_i-\bar{y})^2 \tag{3-5-8}$$

按方差分析法，可将 $S_{总}$ 分解为

$$S_{总}=\sum_{i=1}^{n}[(y_i-\hat{y}_i)+(\hat{y}_i-\bar{y})]^2=$$

$$\sum_{i=1}^{n}(y_i-\hat{y}_i)^2+\sum_{i=1}^{n}(\hat{y}_i-\bar{y})^2+2\sum(y_i-\hat{y})(\hat{y}_i-\bar{y})$$

式中：$\sum_{i=1}^{n}(\hat{y}_i-\bar{y})^2$ 称为回归平方和，记为 $S_{回}$；$\sum(y_i-\hat{y})^2$ 称为残差平方和，记为 $S_{残}$，即

$$S_{回}=\sum_{i=1}^{n}(\hat{y}_i-\bar{y})^2 \tag{3-5-9}$$

$$S_{残}=\sum_{i=1}^{n}(y_i-\hat{y}_i)^2 \tag{3-5-10}$$

式中最后一项为零，这是由于

$$\sum(y_i-\hat{y}_i)(\hat{y}_i-\bar{y})=\sum(y_i-\hat{y}_i)\hat{y}-\sum(y_i-\hat{y}_i)\bar{y}=-\sum v_i\hat{y}_i+\bar{y}\sum v_i=$$
$$-\boldsymbol{V}^{\mathrm{T}}\hat{\boldsymbol{Y}}=-\boldsymbol{V}^{\mathrm{T}}\boldsymbol{X}\hat{\boldsymbol{\beta}}=-(\boldsymbol{X}^{\mathrm{T}}\boldsymbol{V})^{\mathrm{T}}\hat{\boldsymbol{\beta}}=0$$

这样，有总偏差平方和的分解公式

$$S_{总}=S_{残}+S_{回} \tag{3-5-11}$$

由此可见，y 的总偏差由两个原因造成，$S_{回}$ 表示了当变量 y 和 x 之间完全按照回归方程变化时，变量 x_i 的变化而引起的 $\hat{y}_i$ 对 $\bar{y}$ 的偏离平方和，即回归平方和。另一部分为残差平方和 $S_{残}$，它表示各种偶然因素干扰所引起的 y_i 与 $\hat{y}_i$ 偏离的平方和。从式(3-5-11)可知，当 $S_{回}$ 在 $S_{总}$ 中所占份量越大，$S_{残}$ 就越小，表示描述 y 与 x 的线性关系的回归方程效果显著；反之 $S_{回}$ 越小，$S_{残}$ 就越大，这种回归方程的显著性就很差，但 $S_{回}$，$S_{残}$ 数值上的大小，并不能直接比较，因为它们与各自的自由度有关。为此，需要对 $S_{回}$，$S_{残}$ 构建统计量，从总体检验回归方程的显著性，下面是方差分析法构建统计量的方法。

检验的原假设为

$$H_0:\beta_1=\beta_2=\cdots\beta_m=0,H_1:\beta_i\ 不全为零 \tag{3-5-12}$$

当原假设 H_0 成立时，回归效果不显著，或者说所建立的回归方程不成立。此时 $y_i(i=1,2,\cdots,n)$，与 x_i 无统计关系，y_i 仅是 $E(y)$ 的一组观测值。

因为观测值 $y_i\sim N(E(y_i),\sigma^2)$，在第二章中已经证明(见式 2-2-21)。

$$\frac{\sum_{i=1}^{n}(y_i-\hat{y})^2}{\sigma^2}=\frac{S_{残}}{\sigma^2}\sim\chi^2(n-(m+1)) \tag{3-5-13}$$

当 H_0 成立时，则总偏差平方和除以 σ^2 也是 χ^2 分布，即

$$\frac{\sum_{i=1}^{n}(y_i-\bar{y})^2}{\sigma^2}=\frac{S_{总}}{\sigma^2}\sim\chi^2(n-1) \tag{3-5-14}$$

将式(3-5-11)两边各除以母体方差 σ^2，得

$$\frac{S_{总}}{\sigma^2}=\frac{S_{残}}{\sigma^2}+\frac{S_{回}}{\sigma^2} \tag{3-5-15}$$

由于 $v_i=\hat{y}_i-y_i$ 与 y_i 的协因数 $\boldsymbol{Q}_{v_i\hat{y}_i}=0$(见表 1-2)，$v_i$ 与 $\hat{y}_i$ 独立，故 $S_{残}$ 与 $S_{回}$ 也不相关，按 χ^2 变量可加性定理，有

$$\chi^2_{(f)}=\chi^2_{(f_1)}+\chi^2_{(f_2)},\quad f=f_1+f_2 \tag{3-5-16}$$

由式(3-5-13)、式(3-5-14)可得

$$\frac{S_{回}}{\sigma^2}\sim\chi^2(m) \tag{3-5-17}$$

从以上推导可知，只有当 H_0 成立时，式(3-5-17)、式(3-5-14)才成立，否则式(3-5-17)的 $\frac{S_{回}}{\sigma^2}$ 不是 $\chi^2(m)$ 变量。

由此，当 H_0 成立时，可构建服从 F 分布的变量为

$$F=\frac{\dfrac{S_{回}}{m}}{\dfrac{S_{残}}{n-(m+1)}} \tag{3-5-18}$$

用统计量 F 来检验原假设 $H_0:\beta_1=\beta_2=\cdots\beta_m=0$ ，其实质是用检验以下原假设和备选假设来代替，即

$$H_0:E(\hat{\sigma}^2_{回})=E(\hat{\sigma}^2_{残}),\ H_1:E(\hat{\sigma}^2_{回})>E(\hat{\sigma}^2_{残})$$

这是因为在式(3-5-12)成立时，式(3-5-17)成立。

按卡埃平方变量的数学期望等于其自由度的定理，可得

$$E\left(\frac{S_{回}}{\sigma^2}\right)=m$$

即

$$E\left(\frac{S_{回}}{m}\right)=E(\hat{\sigma}^2_{回})=\sigma^2 \tag{3-5-19}$$

即当 H_0 成立时，$\hat{\sigma}^2_{回}=\dfrac{S_{回}}{m}$ 也是 σ^2 的一个无偏估计，而式(3-5-18)的分母 $\hat{\sigma}^2_{残}=\dfrac{S_{残}}{n-(m-1)}$ 不论 H_0 是否成立，总是 σ^2 的一个无偏估计，因此 F 就是一个方差比统计量，方差分析法因而得名。

在给定显著水平 α 后，按单尾(右尾)检验法，以分子自由度 m，分母自由度 $n-(m+1)$ 为引数，查 F 分布表得 F_α，若 $F>F_\alpha$，说明 H_0 不成立，即拒绝 H_0，总体回归效果显著；反之 $F<F_\alpha$，回归无效。

特殊地，对于一元线性回归，方差分析法的检验为

$$H_0:\beta_1=0\ ,\quad H_1:\beta_1\neq 0$$

$$F=\frac{S_{回}}{\dfrac{S_{残}}{n-2}} \tag{3-5-20}$$

此时的 $m=1$，检验拒绝 H_0 域 $F>F_\alpha$。

三、参数显著性检验

在多元线性回归中，我们并不满足于回归方程是显著的这一结论，因为接受 H_1 仅能说明 $\beta_1,\beta_2,\cdots,\beta_m$ 不可能全为 0，但并不能排除某个 $\beta_i=0$，所以在拒绝原假设后，还需逐一对参数的显著性进行检验，即要检验

$$H_0:\beta_j=0,H_1:\beta_j\neq 0 \tag{3-5-21}$$

由式(3-4-1)和式(3-3-24)式知

$$\hat{\boldsymbol{\beta}}\sim N[\boldsymbol{\beta},\sigma^2(\boldsymbol{X}^{\mathrm{T}}\boldsymbol{X})^{-1}]$$

设 q_j 为$(\boldsymbol{X}^{\mathrm{T}}\boldsymbol{X})^{-1}$的第 j 个对角元素，则

$$\hat{\beta}_j\sim N(\beta_j,\sigma^2 q_j),$$

参数显著性检验可采用第二章 §2-3 所述的 t 检验法，仿式(2-3-4)，可构成服从 t 分布的 t 统计量，即

$$t_{(f)}=\frac{\hat{\beta}_j-\beta_j}{\hat{\sigma}\sqrt{q_j}} \tag{3-5-22}$$

因为

$$\hat{\sigma}^2=\frac{\mathbf{V}^{\mathrm{T}}\mathbf{V}}{n-(m+1)} \tag{3-5-23}$$

故自由度(多余观测数)$f=n-(m+1)$。当 H_0 成立时,上式中的$\hat{\boldsymbol{\beta}}_j=0$,故统计量 t 为

$$t_{(f)}=\frac{\hat{\beta}_j}{\hat{\sigma}\sqrt{q_j}} \tag{3-5-24}$$

给定显著水平 α,以自由度 $n-(m+1)$为引数,查 t 分布表得 $t_{\frac{\alpha}{2}}$,若$|t_{(f)}|>t_{\frac{\alpha}{2}}$,则接受备选假设 $\beta_j\neq0$,参数 β_j 显著;当接受原假设 $\beta_j=0$,该参数不显著,可予以剔除。

例 3-4 在例 3-2 中,求得回归方程为

$$\hat{y}=5.3094-0.0756x$$

应用方差分析法和 t 检验法检验回归效果的显著性。即检验

$$H_0:\beta_1=0,H_1:\beta_1\neq0$$

解:(1)方差分析法

根据式(3-5-9)、式(3-5-10)和式(3-5-18),计算回归平方和、残差平方和以及 F 统计量。

$$S_{回}=\sum_{i=1}^{n}(\hat{y}_i-\bar{y})^2=$$

$$\sum[(\hat{\beta}_0+\hat{\beta}_1x_i)-(\hat{\beta}_0+\hat{\beta}_1\bar{x})]^2=$$

$$\sum[\hat{\beta}_1(x_i-\bar{x})]^2=\hat{\beta}_1^2S_{xx}=0.0756^2\times2579.9880=14.7456$$

$$S_{残}=\mathbf{V}^{\mathrm{T}}\mathbf{V}=7.44$$

$$\hat{\sigma}^2=\frac{V^{\mathrm{T}}V}{n-2}=\frac{7.4400}{12-2}=0.7440,\hat{\sigma}=0.8626$$

$$F=\frac{S_{回}}{S_{残}/(n-2)}=\frac{14.7456}{0.7440}=19.82$$

以 $\alpha=0.05$,分子自由度为 1,分母自由度为 10,查 F 分布表得 $F_{\frac{\alpha}{2}}=10.04$,
因 $F>F_{\frac{\alpha}{2}}$,所以拒绝 H_0。

(2)t 检验

$$t=\frac{\hat{\beta}_1}{\hat{\sigma}\sqrt{q_i}}=\frac{\sqrt{S_{xx}}\hat{\beta}_1}{\hat{\sigma}}=\frac{\sqrt{2579.9880}\times0.0756}{0.8626}=4.4516$$

取 $\alpha=0.05$,自由度 10,查 t 分布表得 $t_{\frac{\alpha}{2}}=2.23$,因 $t>t_{\frac{\alpha}{2}}$,所以拒绝 H_0。

经检验,回归效果显著,说明此例大坝库水位(x)和坝基沉陷量(y)之间直线相关可信,但要指出大坝坝基沉陷量是否仅取决于大坝库水位,或者是否还有其他因数的影响,如可能有,则还须扩展至多元线性回归,以达到尽可能符合实际的自变量与因变量的统计关系。

例 3-5 对某大坝进行变形观测,选取坝体温度和水位压力作为自变量 x_1,x_2,大坝水平位移值为观测量 y,现选取以往 22 次观测资料为样本,见表 3-2,确定回归方程。

(1)求回归回归方程

根据式(3-3-20)组成法方程

$$\begin{bmatrix}22.00 & 298.80 & 917.00\\298.80 & 5030.30 & 13482.80\\917.00 & 13482.80 & 41501.00\end{bmatrix}\begin{bmatrix}\hat{\beta}_0\\\hat{\beta}_1\\\hat{\beta}_2\end{bmatrix}-\begin{bmatrix}-167.30\\-2525.96\\-7224.10\end{bmatrix}=\begin{bmatrix}0\\0\\0\end{bmatrix}$$

表 3-2 观测数据

序号	温度 x_1/℃	压力 x_2/Pa	y/mm	序号	温度 x_1/℃	压力 x_2/ Pa	Y/mm
1	11.2	36.0	−5.0	12	10.1	31.0	−9.3
2	10.0	40.0	−6.8	13	11.6	29.0	−9.3
3	8.5	35.0	−4.0	14	12.6	58.0	−5.1
4	8.0	48.0	−5.2	15	10.9	37.0	−7.6
5	9.4	53.0	−6.4	16	23.1	46.0	−9.6
6	8.4	23.0	−6.0	17	23.1	50.0	−7.7
7	3.1	19.0	−7.1	18	21.6	44.0	−9.3
8	10.6	34.0	−6.1	19	23.1	56.0	−9.5
9	4.7	24.0	−5.4	20	19.0	36.0	−5.4
10	11.7	65.0	−7.7	21	26.8	58.0	−16.8
11	9.4	44.0	−8.1	22	21.9	51.0	−9.9

其解为

$$\begin{bmatrix}\hat{\beta}_0\\ \hat{\beta}_1\\ \hat{\beta}_2\end{bmatrix}=\begin{bmatrix}0.5757 & -0.0008 & -0.0125\\ -0.0008 & 0.0015 & -0.0005\\ -0.0125 & -0.0005 & 0.0005\end{bmatrix}\begin{bmatrix}-167.30\\ -2526.96\\ -7224.10\end{bmatrix}=\begin{bmatrix}-4.2789\\ -0.2711\\ 0.0085\end{bmatrix}$$

故得回归方程

$$\hat{y}=-4.2789-0.2711x_1+0.0085x_2$$

(2)计算方差的估值 $\hat{\sigma}^2$ 及 $\hat{\beta}_i$ 的方差

$$S_{残}=\boldsymbol{V}^{\mathrm{T}}\boldsymbol{V}=88.1209$$

$$\hat{\sigma}^2=\frac{88.1209}{22-3}=4.6379,\hat{\sigma}=2.1536(\mathrm{mm})$$

$$D(\hat{\beta}_1)=\hat{\sigma}^2Q_{\hat{\beta}_1\hat{\beta}_1}=4.6379\times0.0015=0.0070$$

$$D(\hat{\beta}_2)=\hat{\sigma}^2Q_{\hat{\beta}_2\hat{\beta}_2}=4.6379\times0.0005=0.0023$$

(3)回归方程显著性检验(F 检验)

$$H_0:\hat{\beta}_1=\hat{\beta}_2=0$$

$$\bar{y}=\frac{1}{22}\sum_{i=1}^{22}y_i=-7.6045$$

$$S_{回}=\sum_{i=1}^{22}(\hat{y}_i-\bar{y})^2=66.9086$$

构成 F 统计量

$$F=\frac{\dfrac{S_{回}}{m}}{\dfrac{S_{残}}{(n-m-1)}}=\frac{\dfrac{66.9086}{2}}{\dfrac{88.1209}{19}}=7.2132$$

取显著水平 $\alpha=0.05$,查表有

$$F_{0.05}(2,22)=3.44$$

显然,计算值 $F>F_{0.05}(2,22)=3.44$,所以拒绝原假设,认为回归方程效果显著。

(4)回归参数显著性检验(t 检验)

$$H_{0_1}:\hat{\beta}_1=0, H_{0_1}:\hat{\beta}_2=0$$

$$|t_1|=\frac{|\hat{\beta}_1|}{\hat{\sigma}\sqrt{q_1}}=\frac{0.2711}{2.1532\sqrt{0.00154}}=3.21$$

$$|t_2|=\frac{|\hat{\beta}_2|}{\hat{\sigma}\sqrt{q_2}}=\frac{0.0085}{2.1532\sqrt{0.00046}}=0.18$$

取显著水平 $\alpha=0.05$,查表得 $t_{\frac{\alpha}{2}}=t_{0.025}(19)=2.09$。显然

$$t_1>t_{\frac{\alpha}{2}}=t_{0.025}(19), t_2<t_{\frac{\alpha}{2}}=t_{0.025}(19)$$

拒绝 H_0,接受 H_0,认为回归参数 β_1 显著,β_2 不显著。说明所建立的二元线性回归效果不好,不能应用。其原因是大坝水平位移并不是简单地可用坝体温度和水位压力这两个因素的影响来描述,应该研究自变量 X_j 的选取,不断地进行回归,寻找合理的回归方程。

§3-6 预报值的标准差和区间估计

回归分析的一个主要目的是根据给定的 x 值对 y 进行预报,设经过检验认为有效的线性回归方程为

$$\hat{y}=\hat{\beta}_0+x_1\hat{\beta}_1+x_2\hat{\beta}_2+\cdots+x_m\hat{\beta}_m$$

则给定已知值$(x_{10},x_{20},\cdots,x_{m0})$,就可按此方程得到预报值 $\hat{y}_0$,即

$$\hat{y}_0=\hat{\beta}_0+x_{10}\hat{\beta}_1+x_{20}\hat{\beta}_2+\cdots+x_{m0}\hat{\beta}_m=X_0\hat{\beta} \tag{3-6-1}$$

式中　$X_0=(1,x_{10},x_{20},\cdots,x_{m0})$,则

$$D(\hat{y}_0)=\hat{\sigma}^2[\boldsymbol{X}_0(\boldsymbol{X}^{\mathrm{T}}\boldsymbol{X})^{-1}\boldsymbol{X}_0^{\mathrm{T}}] \tag{3-6-2}$$

如果对应于$(x_{10},x_{20},\cdots,x_{m0})$的观测值为 y_0,其观测误差为 $\Delta_0\sim N(0,\sigma^2)$,显然 y_0 与预报值 $\hat{y}_0$ 是互相独立的,且有

$$E(y_0-\hat{y}_0)=0$$

$$D(y_0-\hat{y}_0)=\sigma^2[1+\boldsymbol{X}_0(\boldsymbol{X}^{\mathrm{T}}\boldsymbol{X})^{-1}\boldsymbol{X}_0^{\mathrm{T}}]$$

则

$$\frac{(y_0-\hat{y}_0)}{\sigma_{(y_0-\hat{y}_0)}}\sim N(0,1)$$

$$\frac{S_{残}}{\sigma^2}=\frac{(n-m-1)\hat{\sigma}^2}{\sigma^2}\sim\chi^2(n-m-1)$$

因为 $\hat{\beta}$ 与 $S_{残}$ 互相独立,$y_0-\hat{y}_0$ 也与 $S_{残}$ 互相独立。故可构造统计量

$$t=\frac{y_0-\hat{y}_0}{\hat{\sigma}\sqrt{1+\boldsymbol{X}_0(\boldsymbol{X}^{\mathrm{T}}\boldsymbol{X})^{-1}X_0^{\mathrm{T}}}}\sim t(n-m-1) \tag{3-6-3}$$

式中

$$\hat{\sigma}^2=\frac{\boldsymbol{V}^{\mathrm{T}}\boldsymbol{V}}{n-m-1} \tag{3-6-4}$$

给定显著水平 α,以自由度 $n-m-1$,查 t 分布表得 $t_{\frac{\alpha}{2}}(n-m-1)$,使

$$P\{|t|\leqslant t_{\frac{\alpha}{2}}(n-m-1)\}=1-\alpha \tag{3-6-5}$$

令

$$\delta(x_0)=t_{\frac{\alpha}{2}}(n-m-1)\cdot\hat{\sigma}\sqrt{1+\boldsymbol{X}_0(\boldsymbol{X}^{\mathrm{T}}\boldsymbol{X})^{-1}\boldsymbol{X}_0^{\mathrm{T}}}$$

将式(3-6-3)代入式(3-6-5)，则有

$$P\{-\delta(x_0)<y_0-\hat{y}_0<\delta(x_0)\}=1-\alpha$$

或

$$P\{\hat{y}_0-\delta(x_0)<y_0<\hat{y}_0+\delta(x_0)\}=1-\alpha$$

亦即在置信水平 $1-\alpha$ 下，预报值的区间估计为

$$[\hat{y}_0-\delta(x_0),\quad \hat{y}_0+\delta(x_0)]$$

例 3-6 在不同温度(t)下，测定某铟钢尺的尺长改正数，得 9 个观测值如表 3-3 所示。

表 3-3 温度与尺长改正数

t/℃	12.1	15.2	14.8	13.9	15.9	16.4	18.5	17.3	19.6
Δl_i/mm	1.6	1.9	1.7	1.8	2.1	2.0	2.3	2.0	2.2

(1)求回归方程；

(2)求方差的估值 $\hat{\sigma}^2$；

(3)检验回归方程的显著性；

(4)求温度在 15℃时的尺长改正数及预测区间。

解：(1)设所求回归方程为

$$\Delta\hat{l}_i=\hat{\beta}_0+\hat{\beta}_1 t_i\quad(i=1,2,\cdots,9)$$

组成法方程

$$\begin{bmatrix}9 & 143.5\\143.5 & 2331.64\end{bmatrix}\begin{bmatrix}\hat{\beta}_0\\\hat{\beta}_1\end{bmatrix}-\begin{bmatrix}17.6\\284.52\end{bmatrix}=0$$

解之，得

$$\begin{bmatrix}\hat{\beta}_0\\\hat{\beta}_1\end{bmatrix}=\begin{bmatrix}5.9390 & -0.3655\\-0.3655 & 0.0229\end{bmatrix}\begin{bmatrix}17.6\\284.52\end{bmatrix}=\begin{bmatrix}0.5309\\0.0894\end{bmatrix}$$

所求回归方程为

$$\Delta\hat{l}=0.5309+0.0894t$$

(2)$S_{残}=V^{\mathrm{T}}V=0.0739$

$$\hat{\sigma}^2=\frac{V^{\mathrm{T}}V}{n-2}=\frac{0.0739}{7}=0.0106,\quad \hat{\sigma}=0.1028(\mathrm{mm})$$

(3)$H_0:\beta_1=0$

$$t\text{ 检验}\quad |t|=\frac{|\hat{\beta}_1|}{\hat{\sigma}\sqrt{Q_{\beta_1\beta_1}}}=\frac{0.0894}{0.1028\sqrt{0.0229}}=5.7468$$

取显著水平 $\alpha=0.05$，查 t 分布表得 $t_{\frac{\alpha}{2}}=t_{0.025}(7)=2.365$

因为

$$t>t_{\frac{\alpha}{2}}=t_{0.025}(7)$$

所以拒绝 H_0，认为回归效果显著。

(4)当 $t=15$℃时，由回归方程 $\Delta\hat{l}_0=\hat{\beta}_0+15\hat{\beta}_1=X_0\hat{\beta}$，得预报值

$$\Delta\hat{l}_0 = 1.87$$

$$\boldsymbol{X}_0 = [1 \quad 15]$$

$$\boldsymbol{X}_0(\boldsymbol{X}^{\mathrm{T}}\boldsymbol{X})^{-1}\boldsymbol{X}_0^{\mathrm{T}} = [1 \quad 15]\begin{bmatrix} 5.9390 & -0.3655 \\ -0.3655 & 0.0229 \end{bmatrix}\begin{bmatrix} 1 \\ 15 \end{bmatrix} = 0.1264$$

$$\delta(x_0) = \hat{\sigma}\sqrt{1+\boldsymbol{X}_0(\boldsymbol{X}^{\mathrm{T}}\boldsymbol{X})^{-1}\boldsymbol{X}_0^{\mathrm{T}}} \times t_{\frac{\alpha}{2}}(n-2) =$$

$$0.1028\sqrt{1.1264} \times 2.365 = 0.2580$$

所以，在 95％的置信度下，预报值得区间估计为[1.61　2.12]。

§ 3-7　自回归模型

一、自回归模型定义

以上介绍的回归模型是根据与其他变量之间的关系来预测一个变量的未来的变化，但是在时间序列的情况下，严格意义上的回归则是根据该变量自身过去的规律来建立预测模型，这就是自回归模型。自回归模型在动态数据处理中有着广泛的应用。

自回归模型的一个最简单的例子是物理中的单摆现象。设单摆在第 t 个摆动周期中最大摆幅为 x_t，在阻尼作用下，在第 $t+1$ 个摆动周期中的最大摆幅 x_{t+1} 将满足关系式

$$x_{t+1} = \rho x_t \tag{3-7-1}$$

式中 ρ 为阻尼系数。如果此单摆还受到外界环境的干扰，则在单摆的最大幅值 x_t 上叠加一个新的随机变量，于是式(3-7-1)为

$$x_{t+1} = \rho x_t + \varepsilon_t \tag{3-7-2}$$

上式称为一阶自回归模型。当式中满足 $\rho<1$ 时，为平稳的一阶自回归模型。将这些概念推广到高阶，有自回归模型

$$x_t = b_1 x_{t-1} + b_2 x_{t-2} + \cdots + b_p x_{t-p} + \varepsilon_t \tag{3-7-3}$$

式中：x_t 为模型变量；$b_1, b_2, \cdots, b_p$ 为模型的回归系数；ε_t 为模型的随机误差；p 为模型阶数。自回归模型是时间序列分析的主要模型之一，有关理论及其性质等详见文献[7]

二、自回归模型参数的最小二乘估计

设有按时间顺序排列的样本观测值 $x_1, x_2, \cdots, x_n$，p 阶自回归模型的误差方程为

$$\begin{aligned} v_{p+1} &= x_p\hat{b}_1 + x_{p-1}\hat{b}_2 + \cdots + x_1\hat{b}_p - x_{p+1} \\ v_{p+2} &= x_{p+1}\hat{b}_1 + x_p\hat{b}_2 + \cdots + x_2\hat{b}_p - x_{p+2} \\ &\vdots \\ v_n &= x_{n-1}\hat{b}_1 + x_{n-2}\hat{b}_2 + \cdots + x_{n-p}\hat{b}_p - x_n \end{aligned}$$

记

$$\boldsymbol{V} = \begin{bmatrix} v_{p+1} \\ v_{p+2} \\ \vdots \\ v_n \end{bmatrix}, \quad \hat{\boldsymbol{\beta}} = \begin{bmatrix} \hat{b}_1 \\ \hat{b}_2 \\ \vdots \\ \hat{b}_p \end{bmatrix}, \quad \boldsymbol{X} = \begin{bmatrix} x_p & x_{p-1} & \cdots & x_1 \\ x_{p+1} & x_p & \cdots & x_2 \\ \vdots & \vdots & \ddots & \vdots \\ x_{n-1} & x_{n-2} & \cdots & x_n \end{bmatrix}, \quad \boldsymbol{Y} = \begin{bmatrix} x_{p+1} \\ x_{p+2} \\ \vdots \\ x_n \end{bmatrix}$$

得

$$V = X\hat{\beta} - Y \tag{3-7-4}$$

$\hat{\beta}$的最小二乘解为

$$\hat{\beta} = (X^{T}X)^{-1}X^{T}Y \tag{3-7-5}$$

三、自回归模型阶数的确定

建立自回归模型，需要合理地确定其阶数 p，一般可先设定模型阶数在某个范围内，对此范围内各种阶数的模型进行参数估计，同时对参数的显著性进行检验，再利用定阶准则确定阶数。下面采用§2-4 的线性假设法来进行模型定阶。其原理如下

设有观测数据$(x_1, x_2, \cdots, x_n)$，先设阶数为 p，建立自回归模型

$$x_t = b_1 x_{t-1} + b_2 x_{t-2} + \cdots + b_p x_{t-p} + \varepsilon_t \tag{3-7-6}$$

再考虑 $p-1$ 模型，将

$$b_p = 0 \tag{3-7-7}$$

作为式(3-7-6)的条件方程，联合式(3-7-6)和式(3-7-7)，就是 $p-1$ 模型。

先对式(3-7-6)单独平差，可求得模型参数估计及其残差平方和，记为 $S_{残p}$，再联合式(3-7-6)和式(3-7-7)，也就是对 $p-1$ 阶模型进行平差，求得 $p-1$ 阶模型参数估计及其残差平方和，记为 $S_{残p-1}$。按线性假设法的式(2-4-14)，它们的关系可写成

$$S_{残p-1} = S_{残p} + R \tag{3-7-8}$$

在§2-4 线性假设法中已证明，在假设 $H_0: b_p = 0$ 成立时，可作 F 分布统计量为

$$F = \frac{R/1}{S_{残p}/(n-p)} = \frac{S_{残p-1} - S_{残p}}{S_{残p}/(n-p)}$$

选显著水平 α，以分子自由度 1，分母自由度 $n-p$，查表得 F_α，如果 $F > F_\alpha$，则表示 H_0 不成立，$b_p \neq 0$。p 阶与 $p-1$ 阶两模型有显著差别，应采用 p 阶，反之 $F < F_\alpha$，则接受 H_0，表示 p 阶与 $p-1$ 阶两模型并无显著差别，应采用 $p-1$ 阶。

例 3-7 对某建筑物某个时间段定期进行了 36 次沉降观测，观测值列于表 3-4。

表 3-4 沉降观测数据

序数	高程/mm	序数	高程/mm	序数	高程/mm	序数	高程/mm	序数	高程/mm	序数	高程/mm
1	26.33	7	25.93	13	26.67	19	28.09	25	26.81	31	26.81
2	26.27	8	26.43	14	27.95	20	26.78	26	28.50	32	28.50
3	26.43	9	26.52	15	26.74	21	28.66	27	27.68	33	27.68
4	25.56	10	25.46	16	27.53	22	26.75	28	26.57	34	26.57
5	26.82	11	26.12	17	25.31	23	27.24	29	28.36	35	28.36
6	26.56	12	27.28	18	26.90	24	28.02	30	27.94	36	27.94

(1)确定模型阶数 p

当 $p=1$ 时，$x_i = b_1 x_{i-1} + \varepsilon_i$，$i = 2, 3, \cdots, 36$

求得 $S_{残1} = 47.727$。

当 $p=2$ 时， $x_i = b_1 x_{i-1} + b_2 x_{i-2} + \varepsilon_i$， $i = 3, 4, \cdots, 36$

求得 $S_{残2}=30.937$。

统计检验:原假设 $H_0:b_2=0$。

$$统计量\ F=\frac{S_{残1}-S_{残2}}{S_{残2}/(36-2)}=\frac{16.790}{30.937/34}=18.45$$

取显著水平 $\alpha=0.05$,以自由度 1、34 查 F 分布表得 $F_\alpha=4.2$。

因为 $F>F_\alpha$,故拒绝原假设,即认为一阶与二阶自回归模型有显著的差别。

当 $p=3$ 时, $x_i=b_1x_{i-1}+b_2x_{i-2}+b_3x_{i-3}+\varepsilon_i$, $i=4,5,\cdots,36$

求得 $S_{残3}=19.429\text{cm}^2$。

统计检验:原假设 $H_0:b_3=0$ 。

$$统计量\ F=\frac{S_{残2}-S_{残3}}{S_{残3}/(36-3)}=\frac{11.508}{19.429/33}=19.55$$

以自由度 1、33 查 F 分布表得 $F_\alpha=4.2$。

因为 $F>F_\alpha$,故拒绝原假设,认为二阶与三阶自回归模型有显著的差别。

当 $p=4$ 时,$x_i=b_1x_{i-1}+b_2x_{i-2}+b_3x_{i-3}+b_4x_{i-4}+\varepsilon_i,i=5,6,\cdots,36$

求得 $S_{残3}=18.663\text{cm}^2$。

统计检验:原假设 $H_0:b_4=0$ 。

$$统计量\quad F=\frac{S_{残3}-S_{残4}}{S_{残4}/(36-4)}=\frac{0.766}{18.663/32}=1.38$$

以自由度 1、32 查 F 分布表得 $F_\alpha=4.2$。

因为 $F<F_\alpha$,故接受原假设,应取模型阶数 $p=3$。

(2)模型参数估计

误差方程

$$v_i=\hat{b}_1x_{i-1}+\hat{b}_2x_{i-2}+\hat{b}_3x_{i-3}-x_i,\quad i=4,5,\cdots,36$$

参数估计为

$$\hat{\boldsymbol{\beta}}=\begin{bmatrix}\hat{b}_1\\\hat{b}_2\\\hat{b}_3\end{bmatrix}=(\boldsymbol{X}^{\mathrm{T}}\boldsymbol{X})^{-1}\boldsymbol{X}^{\mathrm{T}}\boldsymbol{Y}=\begin{bmatrix}0.041087\\0.327809\\0.635059\end{bmatrix}$$

得自回归模型

$$x_i=0.041087x_{i-1}+0.327809x_{i-2}+0.635059x_{i-3}$$

四、自回归模型的预报

设 p 阶自回归模型方程为

$$x_t=\hat{b}_1x_{t-1}+\hat{b}_2x_{t-2}+\cdots+\hat{b}_px_{t-p}$$

当回归系数 $b_1,b_2,\cdots,b_p$ 已确定时,可根据方程进行预报。

第一步预报值为

$$x_t(1)=\hat{b}_1x_{t-1}+\hat{b}_2x_{t-2}+\cdots+\hat{b}_px_{t-p+1}$$

第二步预报值为

$$x_t(2)=\hat{b}_1x_t(1)+\hat{b}_2x_t+\cdots+\hat{b}_px_{t-p+2}$$

一般,l 步预报值为

$$x_t(l)=\hat{b}_1 x_t(l-1)+\hat{b}_2 x_t(l-2)+\cdots+\hat{b}_p x_{t-p+l}$$

l 越大，预报准确性越差，故 l 应尽可能小。

例 3-8 同例 3-7，试预报第 37 次及 38 次的高程值。

解：$x_{37}=\hat{b}_1 x_{36}+\hat{b}_2 x_{35}+\hat{b}_3 x_{34}$

$=0.041087\times 27.94+0.327809\times 28.36+0.635059\times 26.57=27.32$

$x_{38}=\hat{b}_1 x_{37}+\hat{b}_2 x_{36}+\hat{b}_3 x_{35}$

$=0.041087\times 27.32+0.327809\times 27.94+0.635059\times 28.36=28.29$

§3-8 多项式拟合模型

设在区域中有 n 个数据点 (x_i,y_i,z_i)，$i=1,2,\cdots,n$，自变量为点的平面坐标 (x_i,y_i)，为非随机量，因变量为在该点上的观测量 z_i，视为随机变量。自变量 (x_i,y_i)，和因变量 z_i 之间虽然没有确定的函数关系，但对于实测数据可以用其趋势性变化 $f(x,y)$ 和随机误差 ε 来表示，即

$$z=f(x,y)+\varepsilon \tag{3-8-1}$$

当趋势性变化 $f(x,y)$ 取为自变量 x,y 的多项式时，式(3-8-1)称为多项式拟合模型。

多项式拟合模型的一般形式为

$$z=f(x,y)=b_0+b_1x+b_2y+b_3x^2+b_4xy+b_5y^2+b_6x^3+b_7x^2y+b_8xy^2+b_9y^3+\cdots \tag{3-8-2}$$

式中：$b_0,b_1,b_2,\cdots$，为多项式待定系数。其中一阶、二阶多项式

$$z=b_0+b_1x+b_2y+\varepsilon \tag{3-8-3}$$

$$z=b_0+b_1x+b_2y+b_3x^2+b_4xy+b_5y^2+\varepsilon \tag{3-8-4}$$

为在测量数据处理中常用的拟合模型。

下面以二阶拟合模型为例，介绍其拟合模型的建立。

一、 模型参数的最小二乘估计

将 n 个数据点的观测数据代入式(3-8-4)，可得 n 个观测方程

$$z_i=b_0+b_1x_i+b_2y_i+b_3x_i^2+b_4x_iy_i+b_5y_i^2+\varepsilon_i \tag{3-8-5}$$

$$(i=1,2,\cdots,n)$$

误差方程

$$v_i=\hat{b}_0+\hat{b}_1x_i+\hat{b}_2y_i+\hat{b}_3x_i^2+\hat{b}_4x_iy_i+\hat{b}_5y_i^2-z_i \tag{3-8-6}$$

若记

$$\boldsymbol{V}=\begin{bmatrix}v_1\\v_2\\\vdots\\v_n\end{bmatrix},\hat{\boldsymbol{\beta}}=\begin{bmatrix}\hat{b}_0\\\hat{b}_1\\\vdots\\\hat{b}_n\end{bmatrix},\boldsymbol{X}=\begin{bmatrix}1 & x_1 & y_1 & x_1^2 & x_1y_1 & y_1^2\\1 & x_2 & y_2 & x_2^2 & x_2y_2 & y_2^2\\\vdots & \vdots & & & & \vdots\\1 & x_n & y_n & x_n^2 & x_ny_n & y_n^2\end{bmatrix},\boldsymbol{Y}=\begin{bmatrix}z_1\\z_2\\\vdots\\z_n\end{bmatrix}$$

得

$$\boldsymbol{V}=\boldsymbol{X}\hat{\boldsymbol{\beta}}-\boldsymbol{Y}$$

最小二乘解

$$\hat{\boldsymbol{\beta}}=(\boldsymbol{X}^{\mathrm{T}}\boldsymbol{X})^{-1}\boldsymbol{X}^{\mathrm{T}}\boldsymbol{Y}$$

在式(3-8-5)中令

$$x_{1i}=x_i,\quad x_{2i}=y_i,\quad x_{3i}=x_i^2,\quad x_{4i}=x_iy_i,\quad x_{5i}=y_i^2$$

可写成

$$z_i=b_0+b_1x_{1i}+b_2x_{2i}+b_3x_{3i}+b_4x_{4i}+b_5x_{5i}+\varepsilon_i \tag{3-8-7}$$

此即为多元线性回归模型。

上式的误差方程为

$$v_i=\hat{b}_0+\hat{b}_1x_{1i}+\hat{b}_2x_{2i}+\hat{b}_3x_{3i}+\hat{b}_4x_{4i}+\hat{b}_5x_{5i}-z_i \tag{3-8-8}$$

在实际计算中,由于坐标(x_i,y_i)数值较大,而观测值较小,为计算方便,先将数据中心化。

在式(3-8-7)中,记

$$\bar{x}_k=\frac{1}{n}\sum_{i=1}^{n}x_{ki}(k=1,2,\cdots,5)$$

$$\bar{z}=\frac{1}{n}\sum_{i=1}^{n}z_i$$

代入式(3-8-8),得

$$\hat{b}_0=\bar{z}-\bar{x}\hat{b}_1-\cdots-\bar{x}_5\hat{b}_5=\bar{z}-\bar{x}^{\mathrm{T}}\hat{\boldsymbol{\beta}} \tag{3-8-9}$$

式中

$$\bar{\boldsymbol{x}}=\begin{bmatrix}\bar{x}_1\\ \bar{x}_2\\ \vdots\\ \bar{x}_5\end{bmatrix},\quad \hat{\boldsymbol{\beta}}_s=\begin{bmatrix}\hat{\beta}_1\\ \hat{\beta}_2\\ \vdots\\ \hat{\beta}_5\end{bmatrix}$$

将式(3-8-9)代入式(3-8-8)得

$$\boldsymbol{V}=\boldsymbol{X}_s\ \hat{\boldsymbol{\beta}}_s-\boldsymbol{Z}_s \tag{3-8-10}$$

式中

$$\boldsymbol{V}=\begin{bmatrix}v_1\\ v_2\\ \vdots\\ v_n\end{bmatrix},\hat{\boldsymbol{\beta}}_s=\begin{bmatrix}\hat{b}_1\\ \hat{b}_2\\ \vdots\\ \hat{b}_5\end{bmatrix},\boldsymbol{X}_s=\begin{bmatrix}x_{11}-\bar{x}_1 & x_{21}-\bar{x}_2 & \cdots & x_{51}-\bar{x}_5\\ x_{12}-\bar{x}_1 & x_{22}-\bar{x}_2 & \cdots & x_{52}-\bar{x}_5\\ \vdots & \vdots & & \vdots\\ x_{1n}-\bar{x}_1 & x_{2n}-\bar{x}_2 & \cdots & -x_{5n}-\bar{x}_5\end{bmatrix},\boldsymbol{Z}_S=\begin{bmatrix}z_1-\bar{z}\\ z_2-\bar{z}\\ \vdots\\ z_n-\bar{z}\end{bmatrix}$$

最小二乘解

$$\hat{\boldsymbol{\beta}}_s=(\boldsymbol{X}_s^{\mathrm{T}}\boldsymbol{X}_s)^{-1}\boldsymbol{X}_s^{\mathrm{T}}\boldsymbol{Z}_s \tag{3-8-11}$$

例 3-9 某地区拟建立 GPS 水准面,在 22 个测站点上进行了 GPS 观测和水准测量,测站点的坐标(x,y)以及各点上的大地高和正常高的差值δh(高程异常)列于表 3-5 中。

根据观测数据,进行二阶多项式拟合,按式(3-8-8)、(3-8-9)、(3-8-10)和式(3-8-11)算得拟合方程为

表 3-5　GPS 水准拟合观测数据

测站	x/m	y/m	δh/m	测站	x/m	y/m	δh/m
1	897.405	222.838	5.7646	12	823.798	256.113	2.3886
2	898.414	245.022	9.8540	13	815.731	272.246	4.8825
3	884.297	247.038	8.2680	14	805.648	269.221	3.3137
4	888.330	260.146	10.9398	15	821.781	293.421	9.6056
5	841.948	309.554	13.6778	16	805.648	303.504	9.9806
6	833.881	286.363	9.5327	17	789.515	289.388	5.9838
7	855.056	278.296	10.2739	18	794.556	279.304	4.3933
8	866.147	279.304	11.1040	19	917.572	193.597	2.0133
9	865.139	253.088	6.7682	20	930.680	216.789	9.6908
10	847.997	253.086	4.5386	21	917.572	233.930	10.4781
11	839.931	258.130	4.6112	22	874.214	235.947	4.6353

$$\delta h=-407.0863+0.3346x+1.4959y+0.00003x^2-0.00101xy-0.00084y^2$$

$$\hat{\sigma}_0^2=0.179(\mathrm{m}^2)$$

二、多项式拟合模型阶数的选取

建立多项式拟合模型，也有一个选取模型阶数的问题，阶数的选取需要利用统计检验方法，其原理和方法与 § 3-8 所述的自回归模型确定阶数的方法类同。

先设阶数为 p，建立拟合模型，求得其残差平方和 S_p，自由度为$(n-2p+1)$，再作 $p-1$ 阶拟合模型，求得相应的残差平方和 S_{p-1}，自由度为 $n-(2p-1)$，作 F 分布统计量

$$F=\frac{(S_{p-1}-S_p)/2}{S_p/(n-2p-1)} \tag{3-8-12}$$

选显著水平 α，以分子自由度 2，分母自由度$(n-2p-1)$，查表 F 分布得 F_α，如果 $F<F_\alpha$，可选取 $p-1$ 阶多项式拟合模型，否则，选取 p 阶拟合模型。

§ 3-9　三角多项式模型

有时，所处理的数据呈周期性变化，例如，观测结果受温度、潮汐、地下水等影响，往往呈现年周期变化，对这样的数据进行分析，可采用三角多项式曲线拟合，其基本模型为

$$\begin{aligned}y &= a_0+a_1\cos x+b_1\sin x+a_2\cos 2x+b_2\sin 2x+\cdots+a_m\cos mx+b_m\sin mx\\ &= a_0+\sum_{k=1}^{m}(a_k\cos kx+b_k\sin kx)\end{aligned} \tag{3-9-1}$$

式(3-9-1) 也称为傅里叶级数模型，也称为谐波分析。为求得式(3-9-1) 中的未知参数 a_0，a_i，b_i($i=1,2,\cdots,m$)，进行了 n 次观测($y_1,y_2,\cdots,y_n$)，得观测方程

$$y_i=a_0+\sum_{k=1}^{m}(a_k\cos kx_i+b_k\sin kx_i)+\varepsilon_i\quad(i=1,2,\cdots,n) \tag{3-9-2}$$

当 $n>2m+1$ 时，可根据最小二乘求解参数。

一、参数估计

对于周期性函数，观测点的排列可按时间或空间顺序，因基波全长为 2π，故当研究区间内有 n 个等间隔的观测点 $x_i(i=1,2,\cdots,n)$，那么其间隔为 $d=\frac{2\pi}{n}$，于是等距点取值为

$$x_i=d\cdot i=\frac{2\pi}{n}i \quad (i=1,2,\cdots,n)$$

在式(3-9-2)中，当所观测的 x_i 值是等间隔分布，那么对应的三角函数系 $\sin kx_i$ 和 $\cos kx_i$ 就具有正交性，计算可大大简化。

根据三角函数在等距点上的正交性可得

$$(1)\sum_{i=1}^{n}\sin kx_i=\sum_{i=1}^{n}\cos kx_i=0 \tag{3-9-3}$$

$$(2)\sum_{i=1}^{n}\cos jx_i\sin kx_i=0 \quad (j,k=1,2,\cdots,n) \tag{3-9-4}$$

$$(3)\sum_{i=1}^{n}\cos jx_i\cos kx_i=0 \quad (j,k=1,2,\cdots,n) \tag{3-9-5}$$

$$(4)\sum_{i=1}^{n},\sin jx_i\sin kx_i=0 \quad (j,k=1,2,\cdots,n) \tag{3-9-6}$$

$$(5)\sum_{i=1}^{n}\cos^2 kx_i=\sum_{i=1}^{n}\sin^2 kx_i=\frac{n}{2} \tag{3-9-7}$$

证(1)

$$\sum_{i=1}^{n}\sin kx_i=\sum_{i=1}^{n}\sin k\frac{2\pi}{n}i=\sum_{i=1}^{n}\sin kdi=0$$

令

$$kd=\theta$$

而

$$2\sin\theta\sin i\theta=\cos(1-i)\theta-\cos(1+i)\theta \quad (i=1,2,\cdots,n)$$

取和

$$2\sin\theta\sum_{i=1}^{n}\sin i\theta=1+\cos\theta-\cos n\theta-\cos(n+1)\theta$$

因为

$$\cos n\theta=\cos(2\pi k)=1$$

$$\cos(n+1)\theta=\cos n\theta\cos\theta-\sin n\theta\sin\theta=\cos\theta$$

则

$$2\sin\theta\sum_{i=1}^{n}\sin i\theta=0$$

在 $\sin\theta\neq0$ 时，式(3-9-3)成立。但若 $\sin\theta=0$ 时，则 θ 必为 π 的整倍数，此时，此式的和中每一项都为零，式(3-9-3)亦成立。

证(5) 已知

$$2\cos^2(kx_i)=2\cos^2(\frac{2\pi}{n}ik)=1+\cos2(\frac{2\pi}{n}ik)$$

将 $i=1,2,\cdots,n$ 代入并两边取和，得

$$2\sum_{i=1}^{n}\cos^2\left(\frac{2\pi}{n}ik\right)=n+\sum_{i=1}^{n}\cos2\left(\frac{2\pi}{n}ik\right)$$

因为 $2\left(\frac{2\pi}{n}ik\right)=\frac{2\pi}{n}(2k)i, 1<2k<n$，由式(3-9-3)知右边第二项为零，又因为

$$\sum_{i=1}^{n}\cos^2\left(\frac{2\pi}{n}ik\right)+\sum_{i=1}^{n}\sin^2\left(\frac{2\pi}{n}ik\right)=\sum_{i=1}^{n}\left\{\cos^2\left(\frac{2\pi}{n}ik\right)+\sin^2\left(\frac{2\pi}{n}ik\right)\right\}=n$$

故式(3-9-7)得证。

其余各式证明从略。

利用上述三角函数的正交性，式(3-9-2)的法方程为

$$\begin{bmatrix} n & & & & & \\ & \sum_{i=1}^{n}\cos^2 x_i & & & & \\ & & \sum_{i=1}^{n}\sin^2 x_i & & & \\ & & & \ddots & & \\ & & & & \sum_{i=1}^{n}\cos^2 mx_i & \\ & & & & & \sum_{i=1}^{n}\sin^2 mx_i \end{bmatrix}\begin{bmatrix}\hat{a}_0\\ \hat{a}_1\\ \hat{b}_1\\ \vdots\\ \hat{a}_m\\ \hat{b}_m\end{bmatrix}-\begin{bmatrix}\sum_{i=1}^{n}y_i\\ \sum_{i=1}^{n}y_i\cos x_i\\ \sum_{i=1}^{n}y_i\sin x_i\\ \vdots\\ \sum_{i=1}^{n}y_i\cos mx_i\\ \sum_{i=1}^{n}y_i\sin mx_i\end{bmatrix}=\underset{2m+1,1}{0} \tag{3-9-8}$$

法方程的解为

$$\left.\begin{aligned}\hat{a}_0&=\frac{1}{n}\sum_{i=1}^{n}y_i\\ \hat{a}_k&=\frac{2}{n}\sum_{i=1}^{n}y_i\cos kx_i\\ \hat{b}_k&=\frac{2}{n}\sum_{i=1}^{n}y_i\sin kx_i\quad(k=1,2,\cdots,m)\end{aligned}\right\} \tag{3-9-9}$$

拟合模型的观测方差为

$$\hat{\sigma}^2=\frac{\sum_{i=1}^{n}(y_i-\hat{y}_i)^2}{n-2n-1}=\frac{\sum_{i=1}^{n}y_i^2-n\hat{a}_0^2-\frac{n}{2}\sum_{k=1}^{m}(\hat{a}_k^2+\hat{b}_k^2)}{n-2m-1} \tag{3-9-10}$$

方程各系数估计的方差为

$$\hat{\sigma}_{\hat{a}_0}^2=\frac{1}{n}\hat{\sigma}^2,\quad \hat{\sigma}_{\hat{a}_k}^2=\hat{\sigma}_{\hat{b}_k}^2=\frac{2}{n}\hat{\sigma}^2,\quad k=1,2,\cdots,m \tag{3-9-11}$$

二、模型参数的检验

由于 α_k 和 b_k 是同一精度的系数，需对这两个模型参数进行检验。只有当这两个参数

都显著时，该谐波存在可信。只要其中有一个参数不显著，说明该谐波不存在，应在模型中予以删除。为此，可以对第 k 谐波进行显著性检验。

原假设　$H_{01}:E(\hat{a}_k)=0$，　$H_{02}:E(\hat{b}_k)=0$

检验采用分布统计量

$$t_a(n-2m-1)=\frac{\hat{a}_k}{\sigma\sqrt{\frac{2}{n}}},\quad t_b(n-2m-1)=\frac{\hat{b}_k}{\sigma\sqrt{\frac{2}{n}}} \tag{3-9-12}$$

选定显著水平 α，查表得 $t_{\frac{\alpha}{2}}$，只有当 $t_a>t_{\frac{\alpha}{2}}$ 并且 $t_b>t_{\frac{b}{2}}$ 时，该谐波才在三角多项式中占有重要地位，否则该谐波不起作用，可删除。要说明一点，若第 k 谐波不存在，但次数比 k 大的谐波则仍可能在数据中占有重要的地位，而不像一般多项式那样，认为更高次的项也不显著。

例 3-10　变量 y 在 x 处的 24 个观测值列于表 3-6，它们之间呈周期变化，现用三角多项式进行拟合。

表 3-6　观测数据

$x_i=\frac{2\pi}{n}i$	y_i	$x_i=\frac{2\pi}{n}i$	y_i	$x_i=\frac{2\pi}{n}i$	y_i
15	3.384	135	11.179	255	15.128
30	3.216	150	13.285	270	13.430
45	3.439	165	14.034	285	11.690
60	4.325	180	14.734	300	9.647
75	4.573	195	14.712	315	8.381
90	5.563	210	15.546	330	7.219
105	6.694	225	15.882	345	5.557
120	8.823	240	16.038	0	4.216

(1)确定三角多项式的价数 k

可根据方差来确定价数，结果见表 3-7。

表 3-7　阶数与方差对应表

阶数 k	1	2	3	4	5
方差 $\hat{\sigma}^2$	0.218	0.239	0.192	0.020	0.023

因为当阶数为 5 时的方差与 $k=4$ 时的方差仅相差 0.003，且 $k=4$ 时方差最小，故可选定 $k=4$。

(2)计算参数估值

$$\sum_{i=1}^{24} y_i = 230.699 \qquad \sum_{i=1}^{24} y_i\cos x_i = -63.240 \qquad \sum_{i=1}^{24} y_i\cos 2x_i = -0.171$$

$$\sum_{i=1}^{24} y_i\cos 3x_i = 1.075 \qquad \sum_{i=1}^{24} y_i\cos 4x_i = -2.102 \qquad \sum_{i=1}^{24} y_i\sin x_i = -44.435$$

$$\sum_{i=1}^{24} y_i\sin 2x_i = -0.197 \qquad \sum_{i=1}^{24} y_i\sin 3x_i = 3.763 \qquad \sum_{i=1}^{24} y_i\sin 4x_i = -5.583$$

由式(3-9-9)得 9 个系数的估值为

$$\hat{a}_0=9.612,\quad \hat{a}_1=-5.270,\quad \hat{b}_1=-3.703,$$
$$\hat{a}_2=-0.014,\quad \hat{b}_2=-0.016\quad \hat{a}_3=0.090,$$
$$\hat{b}_3=0.314,\quad \hat{a}_4=-0.175,\quad \hat{b}_4=-0.465,$$

及单位权方差

$$\hat{\sigma}^2=0.020$$

(3)模型检验

选定显著水平 $\alpha=0.05$,以自由度为 15 查表得 $t_{\frac{\alpha}{2}}(15)=2.01$,根据式(3-1-12)计算各谐波振幅的统计量,计算结果列于表 3-8。

表 3-8 检验结果

k	$\hat{a}_k$	$\hat{b}_k$	t_a	t_b	结 论
$k=1$	-5.270	-3.703	129.103	90.715	显 著
$k=2$	-0.014	-0.016	0.343	0.392	不显著
$k=3$	0.090	0.314	2.205	7.692	显 著
$k=4$	-0.175	-0.465	4.287	11.391	显 著

由此可得三角多项式拟合模型

$$y=9.61-5.270\cos x-3.703\sin x+0.090\cos 3x+0.314\sin 3x-0.175\cos 4x-0.465\sin 4x$$

§3-10 多面函数模型

多面函数模型于 1977 年被提出参考文献[8],并用于拟合推估重力场元素和地壳形变分析。该方法基于任何一个圆滑的数学表面总可用一系列有规则的数学表面的总和以任意精度逼近的思想进行已测点间拟合并推估未测点。自该方法提出以来,测绘界作了大量应用研究,现已用于研究重力场元素、GPS 水准高程异常、数字地面模型、地形改正和地壳垂直形变等拟合和内插问题。本节介绍多面函数模型拟合和推估原理。

设在测区内有 m 个已测点 $S(x,y)$,或记为数据点(x,y,s),S_i 为在点(x_i,y_i)上的观测量,用 n 个核函数的总和去逼近函数 $S(x,y)$,即

$$S(x,y)=\sum_{j=1}^{n}\alpha_j\theta(x,y;x_j,y_j) \tag{3-10-1}$$

式中:n 为所取的已测点数,即结点数,$n\leqslant m$;$\theta(x,y;x_j,y_j)$ 为所取的核函数;α 为待定系数。

核函数有多种类型可以选用,如正双曲面型、倒双曲面型、三次曲面型等,应针对实际的拟合模型选取合适的核函数。

在测量数据处理中,一种常用的模型为具有对称性的距离型正双曲面模型,即

$$\theta(x,y;x_j,y_j)=[(x-x_j)^2+(y-y_j)^2+\delta^2]^{1/2} \tag{3-10-2}$$

式中 δ^2 为光滑因子。

对于 m 个已知点 $S_i(x_i,y_i)$,$i=1,2,\cdots,m$,由式(3-10-1)可列 m 个方程,其矩阵形式为

$$\boldsymbol{S}=\boldsymbol{\theta\alpha} \tag{3-10-3}$$

式中

$$\boldsymbol{S} = [s_1 \quad s_2 \quad \cdots \quad s_m]^{\mathrm{T}}$$

$$\boldsymbol{\alpha} = [\alpha_1 \quad \alpha_2 \quad \cdots \quad \alpha_n]^{\mathrm{T}}$$

$$\underset{m,n}{\boldsymbol{\theta}} = \begin{bmatrix} \theta(x_1, & y_1, & x_{j1}, & y_{j1}) & \cdots & \theta(x_1, & y_1, & x_{jn} & y_{jn}) \\ & \vdots & & & & & & \vdots & \\ \theta(x_m, & y_m, & x_{jm}, & y_{jm}) & \cdots & \theta(x_m, & y_m, & x_{jn}, & y_{jn}) \end{bmatrix} \tag{3-10-4}$$

其中 x_{j1}, y_{j1} 表示所选的第一个结点坐标，例如，选第 1 个观测点，$S_1(x_1, y_1)$ 为第 1 个结点，则$x_{j1} = x_1, y_{j1} = y_1$；选第 2 个观测点为第 2 个结点，则 $x_{j1} = x_2, y_{j1} = y_2$。

对于 n 个结点坐标(x_{jn}, y_{jn}) 可同法确定。

在式(3-10-4) 中未列入平滑因子 δ^2，是假设 $\delta^2 = 0$，δ^2 的选择有过多篇文章研究，如文献[8]、[9]、[10] 等。在测区范围不大的条件下，测量数据拟合中常可取 $\delta^2 = 0$。

当 $m = n$ 时，即将已测点全部选为结点，则由式(3-10-3) 可知

$$\boldsymbol{\alpha} = \boldsymbol{\theta}^{-1}\boldsymbol{S} \tag{3-10-5}$$

当 $m > n$ 时，即选取 m 个已测点中的 n 个点为结点，则由式(3-10-3) 可列出误差方程

$$\mathbf{V} = \boldsymbol{\alpha} - \boldsymbol{S}$$

其最小二乘解为

$$\hat{\boldsymbol{\alpha}} = [\boldsymbol{\theta}^{\mathrm{T}}\boldsymbol{\theta}]^{-1}\boldsymbol{\theta}^{\mathrm{T}}\boldsymbol{S} \tag{3-10-6}$$

求出系数后，该测区的拟合方程为

$$\hat{S}(x,y) = \sum_{j=1}^{n} \hat{\alpha}_j \theta(x, y, x_j, y_j) \tag{3-10-7}$$

此时的核函数就是内插点 $S_k(x_k, y_k)$至结点(x_j, y_j)的距离，$\delta^2 = 0$。令

$$d_{kj} = [(x_k - x_j)^2 + (y_k - y_j)^2]^{1/2}$$

则式(3-10-7)可写成

$$\hat{S}_k(x_k, y_k) = \sum_{j=1}^{n} \hat{\alpha}_j d_{kj} \tag{3-10-8}$$

若 k 为已知点，$\hat{S}_k$ 表示 k 点上观测值 S_k 的平差值，残差为 $v_k = \hat{S}_k - S_k$；若 k 为未测点，则式(3-10-8)用来推估未测点上的 $\hat{S}_k$ 值，这就是多面函数模型的拟合推估方法。

已测点结点的选取的原则必须是在该测区中具有代表性的特征点，而且是观测量的高精度点。

例 3-11 设某测区中已知 P_1, P_2, P_3, P_4 等 4 个已测点的重力异常观测值 L，2 个未测点 P'_1 和 P'_2，各点间距离列于表 3—9，4 个已知点全部选为结点，试推估两个未测点的重力异常值。

表 3-9　观测数据和各点距离值

	P_1	P_2	P_3	P_4	P'_1	P'_2	L/mGal
P_1	0	215	605	301	228	255	−0.55
P_2		0	397	284	117	102	−0.23
P_3			0	482	394	358	0.58
P_4				0	170	200	−1.80
P'_1					0	40	
P'_2						0	

解：

$$\boldsymbol{\theta}=\begin{bmatrix} 0 & 215 & 605 & 301 \\ 215 & 0 & 397 & 284 \\ 605 & 397 & 0 & 482 \\ 301 & 284 & 482 & 0 \end{bmatrix}$$

$$\alpha^{\mathrm{T}}=(\hat{\alpha}_1 \quad \hat{\alpha}_2 \quad \hat{\alpha}_3 \quad \hat{\alpha}_4)=\boldsymbol{\theta}^{-1}\boldsymbol{L}$$

由式(3-10-8)可得

$$L_{P'_1}=(228 \quad 117 \quad 394 \quad 170)\hat{\alpha}=-0.744$$

$$L_{P'_2}=(255 \quad 102 \quad 358 \quad 200)\hat{\alpha}=-0.575$$

第四章　秩亏自由网平差

本章介绍秩亏自由网平差原理，按广义逆解法，举例说明其在变形分析中的应用。

§4-1　概　述

控制网按间接平差，通常必须有足够的起始数据，待定参数是点的坐标，它们是非随机参数，平差的函数模型和随机模型是

$$\underset{n,l}{\boldsymbol{L}} = \underset{t,1}{\boldsymbol{BX}} + \underset{n,1}{\boldsymbol{\Delta}} \text{ 或 } E(\boldsymbol{L}) = \boldsymbol{BX} \tag{4-1-1}$$

$$D(\boldsymbol{L}) = \sigma_0^2\boldsymbol{Q} = \sigma_0^2\boldsymbol{P}^{-1} \tag{4-1-2}$$

式中真误差 $\boldsymbol{\Delta}$ 的数学期望 $E(\boldsymbol{\Delta})=0$，故有式(4-1-1)中第二式。式(4-1-1)、式(4-1-2)称为高斯-马尔柯夫模型。

在函数模型中，由于 $\boldsymbol{X}$ 不包含起始数据，$\boldsymbol{B}$ 必为列满秩阵，$R(\boldsymbol{B})=t$。随机模型中的权阵 $\boldsymbol{P}$ 是满秩阵，$R(\boldsymbol{P})=R(\boldsymbol{Q})=n$，表示观测值之间不存在函数相关，所以这是一个满秩平差问题。

设 $\boldsymbol{X}$ 的估值为 $\hat{\boldsymbol{X}}$，则由式(4-1-1)可得误差方程为

$$\boldsymbol{V}=\boldsymbol{B}\hat{\boldsymbol{X}}-\boldsymbol{l} \tag{4-1-3}$$

$\boldsymbol{V}$ 是 $\boldsymbol{L}$ 的改正数，也称为残差。设 $\boldsymbol{X}$ 的近似值为 $\boldsymbol{X}^0$，$\hat{\boldsymbol{X}}$ 为 $\boldsymbol{X}^0$ 的平差改正数，自由项 $\boldsymbol{l}=\boldsymbol{L}-\boldsymbol{BX}^0$，$\boldsymbol{Q}_{ll}=\boldsymbol{Q}$。按最小二乘原理

$$\boldsymbol{V}^{\mathrm{T}}\boldsymbol{PV}=\min$$

可得法方程为

$$\boldsymbol{N}\hat{\boldsymbol{X}}=\boldsymbol{B}^{\mathrm{T}}\boldsymbol{Pl} \tag{4-1-4}$$

式中 $\boldsymbol{N}=\boldsymbol{B}^{\mathrm{T}}\boldsymbol{PB}$，其秩为

$$R(\boldsymbol{N})=R(\boldsymbol{B}^{\mathrm{T}}\boldsymbol{PB})=R(\boldsymbol{B})=t$$

故 $\boldsymbol{N}$ 非奇异，存在凯利逆 $\boldsymbol{N}^{-1}$，满足

$$\boldsymbol{NN}^{-1}=\boldsymbol{N}^{-1}\boldsymbol{N}=\boldsymbol{I} \tag{4-1-5}$$

于是法方程存在惟一解

$$\hat{\boldsymbol{X}}=\boldsymbol{N}^{-1}\boldsymbol{B}^{\mathrm{T}}\boldsymbol{Pl} \tag{4-1-6}$$

协因数

$$\boldsymbol{Q}_{\hat{X}\hat{X}}=\boldsymbol{N}^{-1} \tag{4-1-7}$$

单位权方差估值

$$\hat{\sigma}_0^2=\frac{\boldsymbol{V}^{\mathrm{T}}\boldsymbol{PV}}{n-t} \tag{4-1-8}$$

式中 $t=R(\boldsymbol{B})$。

上述满秩平差的条件是控制网中已设定了足够的起始数据。如果设定的坐标起始数据

等于必要的起始数据，则称为经典自由网平差。

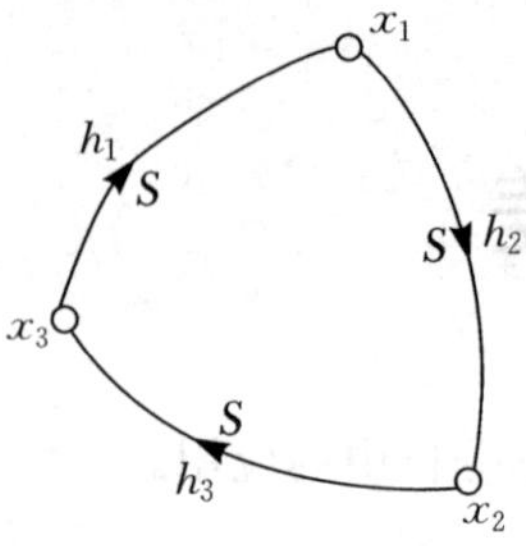

图 4-1

图 4-1 为一简单水准网，选定 x_3 的高程为已知，其误差方程为

$$\begin{bmatrix} v_1 \\ v_2 \\ v_3 \end{bmatrix} = \begin{bmatrix} 1 & 0 \\ -1 & 1 \\ 0 & -1 \end{bmatrix} \begin{bmatrix} \hat{x}_1 \\ \hat{x}_2 \end{bmatrix} - \begin{bmatrix} l_1 \\ l_2 \\ l_3 \end{bmatrix}$$

$$\boldsymbol{V} = \boldsymbol{B}\hat{\boldsymbol{X}} - \boldsymbol{l}$$

在 $\boldsymbol{B}$ 中二阶行列式，如

$$\begin{vmatrix} 1 & 0 \\ -1 & 1 \end{vmatrix} = 1 \neq 0, \quad R(\boldsymbol{B}) = 2$$

法方程系数阵

$$\boldsymbol{N} = \begin{bmatrix} 2 & -1 \\ -1 & 2 \end{bmatrix}, \quad R(\boldsymbol{N}) = 2$$

$\boldsymbol{N}$ 非奇异，法方程有惟一解，$\boldsymbol{X} = (x_1 \ x_2)^{\mathrm{T}} = \boldsymbol{N}^{-1}\boldsymbol{B}^{\mathrm{T}}\boldsymbol{l}$。

此平差问题也可构建下列等价模型

$$\begin{bmatrix} v_1 \\ v_2 \\ v_3 \end{bmatrix} = \begin{bmatrix} 1 & 0 & -1 \\ -1 & 1 & 0 \\ 0 & -1 & 1 \end{bmatrix} \begin{bmatrix} \hat{x}_1 \\ \hat{x}_2 \\ \hat{x}_3 \end{bmatrix} - \begin{bmatrix} l_1 \\ l_2 \\ l_3 \end{bmatrix}$$

$$\left.\begin{aligned} \underset{3,1}{\boldsymbol{V}} &= \underset{3,3}{\boldsymbol{B}} \ \underset{3,1}{\hat{\boldsymbol{X}}} - \underset{3,1}{\boldsymbol{l}} \\ \hat{x}_3 &= 0 \end{aligned}\right\} \tag{4-1-9}$$

在此模型中，将 x_3 的已知高程作为其近似值，必有 $\hat{x}_3 = 0$。

如果网中没有起始数据，x_1, x_2, x_3 均为待定参数，此时条件 $\hat{x}_3 = 0$ 不存在，系数阵 $\boldsymbol{B}$ 的行列式

$$|\boldsymbol{B}| = \begin{vmatrix} 1 & 0 & -1 \\ -1 & 1 & 0 \\ 0 & -1 & 1 \end{vmatrix} = 0, \quad \begin{vmatrix} 1 & 0 \\ -1 & 1 \end{vmatrix} = 1 \neq 0$$

所以 $R(\boldsymbol{B}) \neq 3$。因其中有一个二阶子式不等于零，故 $R(\boldsymbol{B}) = 2$，$\boldsymbol{B}$ 为列亏阵，相应地法方程系数阵为

$$|\boldsymbol{N}| = \begin{vmatrix} 2 & -1 & -1 \\ -1 & 2 & -1 \\ -1 & -1 & 2 \end{vmatrix} = 0, \quad \begin{vmatrix} 2 & -1 \\ -1 & 2 \end{vmatrix} = 3 \neq 0$$

$\boldsymbol{N}$ 也是奇异阵。$R(\boldsymbol{N}) = R(\boldsymbol{B}^{\mathrm{T}}\boldsymbol{B}) = R(\boldsymbol{B}) = 2$，$\boldsymbol{N}$ 的凯利逆 $\boldsymbol{N}^{-1}$ 不存在，相应的法方程

$$\underset{3,3}{\boldsymbol{N}} \ \underset{3,1}{\boldsymbol{X}} = \underset{3,3}{\boldsymbol{A}^{\mathrm{T}}} \ \underset{3,1}{\boldsymbol{l}}$$

不可能存在惟一解。

当网中不设起始数据或不存在必要的起始数据，而且又设网点坐标为待平差参数，误差方程系数阵列亏，这样的平差问题称为秩亏自由网平差。

在高斯-马尔柯夫模型(4-1-1)中，秩亏 d 的定义是

$$d = t - \mathrm{R}(\boldsymbol{A}) \tag{4-1-10}$$

实际上就是平差网形中缺少的必要坐标起始数据个数。如没有起始数据的网，秩亏数等于必要起始数据个数。例如，水准网的秩亏数 $d=1$；测角网的 $d=4$，即两个待定点的平面坐标数；测边网的 $d=3$，即一个待定点的平面坐标和一条边的方位角；GPS 网的 $d=3$，即一个点的三维坐标。自由网平差由 Meissl(1962)提出，20 世纪 70 年代开始出现一些完整的解法，理论研究和应用探讨持续了十多年，现已得到广泛应用。

§4-2 广义逆与线性方程组解

在阐述秩亏自由网平差原理及其解法时，需要广义逆知识。本节仅作初步介绍，其理论和详细讨论可参见文献[11]、[12]、[13]，凯利逆适用于满秩方阵，其逆惟一。广义逆是对任何矩阵定义的一种逆矩阵。

一、广义逆矩阵 $\boldsymbol{A}^{-}$

1. 定义

设 $\boldsymbol{A}$ 为 $n\times m$ 阵，秩 $R(\boldsymbol{A})=\gamma\leqslant\min(m,n)$，满足方程

$$\boldsymbol{AGA}=\boldsymbol{A} \tag{4-2-1}$$

的 $\boldsymbol{G}$ 定义为 $\boldsymbol{A}$ 的广义逆，$\boldsymbol{G}$ 为 $m\times n$ 阵，记为 $\boldsymbol{A}^{-}$ 不惟一，称为 $\boldsymbol{A}^{-}$ 型广义逆。

仅当 $\boldsymbol{A}$ 为 $m=n$ 阶非奇异方阵时，$\boldsymbol{A}^{-1}=\boldsymbol{A}^{-}$，惟一。

2. $\boldsymbol{A}^{-}$ 型广义逆的性质

(1) $(\boldsymbol{A}^{\mathrm{T}})^{-}=(\boldsymbol{A}^{-})^{\mathrm{T}}$ $\quad((\boldsymbol{A}^{-})^{\mathrm{T}}\subset(\boldsymbol{A}^{\mathrm{T}})^{-})$

(2) $(k\boldsymbol{A})^{-}=\dfrac{1}{k}\boldsymbol{A}^{-}(k\neq0)$； $(k\boldsymbol{A})^{-}=0,\ k=0$

(3) $(\boldsymbol{A}^{-}\boldsymbol{A})^{2}=\boldsymbol{A}^{-}\boldsymbol{A}$， $\boldsymbol{A}^{-}\boldsymbol{A}$ 幂等

(4) $\boldsymbol{A}(\boldsymbol{A}^{\mathrm{T}}\boldsymbol{A})^{-}\boldsymbol{A}^{\mathrm{T}}\boldsymbol{A}=\boldsymbol{A}$， $\boldsymbol{A}^{\mathrm{T}}\boldsymbol{A}(\boldsymbol{A}^{\mathrm{T}}\boldsymbol{A})^{-}\boldsymbol{A}^{\mathrm{T}}=\boldsymbol{A}^{\mathrm{T}}$

(5) $\boldsymbol{P}$ 正定，则 $\boldsymbol{A}(\boldsymbol{A}^{\mathrm{T}}\boldsymbol{PA})^{-}\boldsymbol{A}^{\mathrm{T}}\boldsymbol{PA}=\boldsymbol{A}$

(6) $\boldsymbol{G}$ 为 $\boldsymbol{A}^{\mathrm{T}}\boldsymbol{A}$ 的广义逆，则 $\boldsymbol{G}^{\mathrm{T}}$ 也是 $\boldsymbol{A}^{\mathrm{T}}\boldsymbol{A}$ 的广义逆，$\boldsymbol{A}^{\mathrm{T}}\boldsymbol{AGA}^{\mathrm{T}}\boldsymbol{A}=\boldsymbol{A}^{\mathrm{T}}\boldsymbol{A}$，$\boldsymbol{A}^{\mathrm{T}}\boldsymbol{AG}^{\mathrm{T}}\boldsymbol{A}^{\mathrm{T}}\boldsymbol{A}=\boldsymbol{A}^{\mathrm{T}}\boldsymbol{A}$

3. $\boldsymbol{A}^{-}$ 的计算

$\boldsymbol{A}^{-}$ 的计算有多种方法，下面介绍测量中常用的简便方法。

当 $\underset{n,m}{\boldsymbol{A}}$ 的秩 $R(\boldsymbol{A})=r<\min(n,m)$，可将 $\boldsymbol{A}$ 分块成

$$\underset{n,m}{\boldsymbol{A}}=\begin{bmatrix}\underset{r,r}{\boldsymbol{A}_{11}} & \underset{r,m-r}{\boldsymbol{A}_{12}}\\ \underset{n-r,r}{\boldsymbol{A}_{21}} & \underset{n-r,m-r}{\boldsymbol{A}_{22}}\end{bmatrix}$$ 其中 $R(\boldsymbol{A}_{11})=r$，则

$$\underset{n,m}{\boldsymbol{A}^{-}}=\begin{bmatrix}\boldsymbol{A}_{11}^{-1} & 0\\ 0 & 0\end{bmatrix} \tag{4-2-2}$$

在证明前，先证明等式

$$\boldsymbol{A}_{22}=\boldsymbol{A}_{21}\boldsymbol{A}_{11}^{-1}\boldsymbol{A}_{12} \tag{4-2-3}$$

根据 $\boldsymbol{A}$ 的奇异性质，$R(\boldsymbol{A})=R(\boldsymbol{A}_{11})=r$，故有

$$(\boldsymbol{A}_{21}\ \boldsymbol{A}_{22})=\boldsymbol{M}(\boldsymbol{A}_{11}\ \boldsymbol{A}_{12})$$

此式说明$(\boldsymbol{A}_{21}\ \boldsymbol{A}_{22})$行是$(\boldsymbol{A}_{11}\ \boldsymbol{A}_{12})$的线性组合，令$\boldsymbol{M}=\boldsymbol{A}_{21}\boldsymbol{A}_{11}^{-1}$则式(4-2-3)成立，按定义式有

$$\boldsymbol{AA}^{-}\boldsymbol{A}=\begin{bmatrix}\boldsymbol{A}_{11} & \boldsymbol{A}_{12}\\ \boldsymbol{A}_{21} & \boldsymbol{A}_{22}\end{bmatrix}\begin{bmatrix}\boldsymbol{A}_{11}^{-1} & 0\\ 0 & 0\end{bmatrix}\begin{bmatrix}\boldsymbol{A}_{11} & \boldsymbol{A}_{12}\\ \boldsymbol{A}_{21} & \boldsymbol{A}_{22}\end{bmatrix}$$

$$=\begin{bmatrix}\boldsymbol{A}_{11} & \boldsymbol{A}_{12}\\ \boldsymbol{A}_{21} & \boldsymbol{A}_{21}\boldsymbol{A}_{11}^{-1}\boldsymbol{A}_{12}\end{bmatrix}=\begin{bmatrix}\boldsymbol{A}_{11} & \boldsymbol{A}_{12}\\ \boldsymbol{A}_{21} & \boldsymbol{A}_{22}\end{bmatrix}=\boldsymbol{A}$$

可见式(4-2-2)确为$\boldsymbol{A}$的一个广义逆。

例 4-1　设有矩阵

$$\boldsymbol{A}=\begin{bmatrix}1 & 0 & 3\\ 2 & 3 & 0\\ 1 & 1 & 1\end{bmatrix},\quad |\boldsymbol{A}|=0,\quad \begin{vmatrix}1 & 0\\ 2 & 3\end{vmatrix}\neq 0,\ R(\boldsymbol{A})=2$$

取

$$\boldsymbol{A}_{11}=\begin{bmatrix}1 & 0\\ 2 & 3\end{bmatrix},\quad 则\ \boldsymbol{A}_{11}^{-1}=\frac{1}{3}\begin{bmatrix}3 & 0\\ -2 & 1\end{bmatrix}$$

$$\boldsymbol{A}^{-}=\begin{bmatrix}1 & 0 & 0\\ -2/3 & 1/3 & 0\\ 0 & 0 & 0\end{bmatrix}$$

$$\boldsymbol{AA}^{-}\boldsymbol{A}=\begin{bmatrix}1 & 0 & 3\\ 2 & 3 & 0\\ 1 & 1 & 1\end{bmatrix}\begin{bmatrix}1 & 0 & 0\\ -2/3 & 1/3 & 0\\ 0 & 0 & 0\end{bmatrix}\begin{bmatrix}1 & 0 & 3\\ 2 & 3 & 0\\ 1 & 1 & 1\end{bmatrix}=\begin{bmatrix}1 & 0 & 3\\ 2 & 3 & 0\\ 1 & 1 & 1\end{bmatrix}=\boldsymbol{A}$$

二、广义逆 $\boldsymbol{A}^{+}$

1. 定义

如果对$\boldsymbol{A}^{-}$作某些限制，就可得到一种惟一的广义逆，称为伪逆，并用$\boldsymbol{A}^{+}$表示。同时满足下列 4 个方程

$$\left.\begin{aligned}&\boldsymbol{AA}^{+}\boldsymbol{A}=\boldsymbol{A} && \text{(a)}\\ &\boldsymbol{A}^{+}\boldsymbol{AA}^{+}=\boldsymbol{A}^{+} && \text{(b)}\\ &(\boldsymbol{AA}^{+})^{\mathrm{T}}=\boldsymbol{AA}^{+} && \text{(c)}\\ &(\boldsymbol{A}^{+}\boldsymbol{A})^{\mathrm{T}}=(\boldsymbol{A}^{+}\boldsymbol{A}) && \text{(d)}\end{aligned}\right\}\tag{4-2-4}$$

的广义逆定义为$\boldsymbol{A}^{+}$。伪逆$\boldsymbol{A}^{+}$也称为 Moore-Penrose 广义逆。

$\boldsymbol{A}^{+}$惟一，证明如下。

设$\boldsymbol{G}_1$和$\boldsymbol{G}_2$为两个$\boldsymbol{A}^{+}$，按定义有

$$\boldsymbol{G}_1=\boldsymbol{G}_1\boldsymbol{AG}_1=\boldsymbol{G}_1(\boldsymbol{AG}_1)^{\mathrm{T}}=\boldsymbol{G}_1\boldsymbol{G}_1^{\mathrm{T}}\boldsymbol{A}^{\mathrm{T}}$$

$$\boldsymbol{A}^{\mathrm{T}}=\boldsymbol{A}^{\mathrm{T}}\boldsymbol{G}_2^{\mathrm{T}}\boldsymbol{A}^{\mathrm{T}}=\boldsymbol{A}^{\mathrm{T}}(\boldsymbol{AG}_2)^{\mathrm{T}}=\boldsymbol{A}^{\mathrm{T}}\boldsymbol{AG}_2$$

$$\boldsymbol{A}=\boldsymbol{AG}_2\boldsymbol{A}=\boldsymbol{AA}^{\mathrm{T}}\boldsymbol{G}_2^{\mathrm{T}}$$

由此，有

$$\begin{aligned}\boldsymbol{G}_1&=\boldsymbol{G}_1\boldsymbol{G}_1^{\mathrm{T}}\boldsymbol{A}^{\mathrm{T}}=\boldsymbol{G}_1\boldsymbol{G}_1^{\mathrm{T}}\boldsymbol{A}^{\mathrm{T}}\boldsymbol{AG}_2=\boldsymbol{G}_1\boldsymbol{AG}_2\\ &=\boldsymbol{G}_1\boldsymbol{AA}^{\mathrm{T}}\boldsymbol{G}_2^{\mathrm{T}}\boldsymbol{G}_2=\boldsymbol{A}^{\mathrm{T}}\boldsymbol{G}_1^{\mathrm{T}}\boldsymbol{A}^{\mathrm{T}}\boldsymbol{G}_2^{\mathrm{T}}\boldsymbol{G}_2\\ &=\boldsymbol{A}^{\mathrm{T}}\boldsymbol{G}_2^{\mathrm{T}}\boldsymbol{G}_2=(\boldsymbol{G}_2\boldsymbol{A})^{\mathrm{T}}\boldsymbol{G}_2=\boldsymbol{G}_2\boldsymbol{AG}_2=\boldsymbol{G}_2\end{aligned}$$

广义逆 $\boldsymbol{A}^{+}$ 也是一个 $\boldsymbol{A}^{-}$，是一个同时满足式(4-2-4)中 4 个等式的广义逆，其逆惟一。除凯利逆 $\boldsymbol{A}^{-1}$ 和伪逆 $\boldsymbol{A}^{+}$ 外，广义逆 $\boldsymbol{A}^{-}$ 不惟一。

2. 广义逆 $\boldsymbol{A}^{+}$ 的计算

在一般情况下，$R(\underset{n,m}{\boldsymbol{A}})=r\leqslant\min(n,m)$，在测量中计算 $\boldsymbol{A}^{+}$ 常用如下方法。

(1)当 $\boldsymbol{A}$ 为对角阵时，则有

$$\boldsymbol{A}=\begin{bmatrix} a_{11} & & & \\ & a_{22} & & \\ & & \ddots & \\ & & & a_{mn} \end{bmatrix},\quad \boldsymbol{A}^{+}=\begin{bmatrix} a_{11}^{+} & & & \\ & a_{22}^{+} & & \\ & & \ddots & \\ & & & a_{mn}^{+} \end{bmatrix} \tag{4-2-5}$$

$$a_{ii}^{+}=\begin{cases} 0 & 当\ a_{ii}=0 \\ 1/a_{ii} & a_{ii}\neq 0 \end{cases}$$

例 4-2

$$\boldsymbol{A}=\begin{bmatrix} 2 & & \\ & 0 & \\ & & 4 \end{bmatrix}，则\ \boldsymbol{A}^{+}=\begin{bmatrix} \frac{1}{2} & & \\ & 0 & \\ & & \frac{1}{4} \end{bmatrix}$$

(2) $\boldsymbol{A}^{+}=\boldsymbol{A}^{\mathrm{T}}(\boldsymbol{A}\boldsymbol{A}^{\mathrm{T}})^{-}\boldsymbol{A}(\boldsymbol{A}^{\mathrm{T}}\boldsymbol{A})^{-}\boldsymbol{A}^{\mathrm{T}}$ (4-2-6)

证：

$$\boldsymbol{A}\boldsymbol{A}^{+}\boldsymbol{A}=\boldsymbol{A}\boldsymbol{A}^{\mathrm{T}}(\boldsymbol{A}\boldsymbol{A}^{\mathrm{T}})^{-}\boldsymbol{A}(\boldsymbol{A}^{\mathrm{T}}\boldsymbol{A})^{-}\boldsymbol{A}^{\mathrm{T}}\boldsymbol{A}=\boldsymbol{A}\boldsymbol{A}^{\mathrm{T}}(\boldsymbol{A}\boldsymbol{A}^{\mathrm{T}})^{-}\boldsymbol{A}=\boldsymbol{A}$$

$$\begin{aligned}\boldsymbol{A}^{+}\boldsymbol{A}\boldsymbol{A}^{+}&=\boldsymbol{A}^{\mathrm{T}}(\boldsymbol{A}\boldsymbol{A}^{\mathrm{T}})^{-}\boldsymbol{A}(\boldsymbol{A}^{\mathrm{T}}\boldsymbol{A})^{-}\boldsymbol{A}^{\mathrm{T}}\boldsymbol{A}\boldsymbol{A}^{\mathrm{T}}(\boldsymbol{A}\boldsymbol{A}^{\mathrm{T}})^{-}\boldsymbol{A}(\boldsymbol{A}^{\mathrm{T}}\boldsymbol{A})^{-}\boldsymbol{A}^{\mathrm{T}}\\&=\boldsymbol{A}^{\mathrm{T}}(\boldsymbol{A}\boldsymbol{A}^{\mathrm{T}})^{-}\boldsymbol{A}(\boldsymbol{A}^{\mathrm{T}}\boldsymbol{A})^{-}\boldsymbol{A}^{\mathrm{T}}=\boldsymbol{A}^{+}\end{aligned}$$

$$\begin{aligned}(\boldsymbol{A}^{+}\boldsymbol{A})^{\mathrm{T}}&=(\boldsymbol{A}^{\mathrm{T}}(\boldsymbol{A}\boldsymbol{A}^{\mathrm{T}})^{-}\boldsymbol{A}(\boldsymbol{A}^{\mathrm{T}}\boldsymbol{A})^{-}\boldsymbol{A}^{\mathrm{T}}\boldsymbol{A})^{\mathrm{T}}=(\boldsymbol{A}^{\mathrm{T}}(\boldsymbol{A}\boldsymbol{A}^{\mathrm{T}})^{-}\boldsymbol{A})^{\mathrm{T}}\\&=\boldsymbol{A}^{\mathrm{T}}(\boldsymbol{A}\boldsymbol{A}^{\mathrm{T}})^{-}\boldsymbol{A}=\boldsymbol{A}^{+}\boldsymbol{A}\end{aligned}$$

$$\begin{aligned}(\boldsymbol{A}\boldsymbol{A}^{+})^{\mathrm{T}}&=(\boldsymbol{A}\boldsymbol{A}^{\mathrm{T}}(\boldsymbol{A}\boldsymbol{A}^{\mathrm{T}})^{-}\boldsymbol{A}(\boldsymbol{A}^{\mathrm{T}}\boldsymbol{A})^{-}\boldsymbol{A}^{\mathrm{T}})^{\mathrm{T}}=(\boldsymbol{A}(\boldsymbol{A}^{\mathrm{T}}\boldsymbol{A})^{-}\boldsymbol{A}^{\mathrm{T}})^{\mathrm{T}}\\&=\boldsymbol{A}(\boldsymbol{A}^{\mathrm{T}}\boldsymbol{A})^{-}\boldsymbol{A}^{\mathrm{T}}=\boldsymbol{A}\boldsymbol{A}^{+}\end{aligned}$$

式(4-2-6)中 $(\boldsymbol{A}\boldsymbol{A}^{\mathrm{T}})^{-}$ 和 $(\boldsymbol{A}^{\mathrm{T}}\boldsymbol{A})^{-}$ 虽不惟一，但 $\boldsymbol{A}^{+}$ 惟一。

例 4-3

$$\boldsymbol{A}=\begin{bmatrix} -1 & 1 & 0 \\ 0 & -1 & 1 \\ 1 & 0 & -1 \end{bmatrix}，则\ \boldsymbol{A}^{+}=\frac{1}{3}\begin{bmatrix} -1 & 0 & 1 \\ 1 & -1 & 0 \\ 0 & 1 & -1 \end{bmatrix}$$

(3)当 $\boldsymbol{N}$ 为对称方阵，则由式(4-2-6)即得

$$\boldsymbol{N}^{+}=\boldsymbol{N}(\boldsymbol{N}\boldsymbol{N})^{-}\boldsymbol{N}(\boldsymbol{N}\boldsymbol{N})^{-}\boldsymbol{N} \tag{4-2-7}$$

(4)设 $\boldsymbol{N}=\boldsymbol{A}^{\mathrm{T}}\boldsymbol{A}$，则

$$\boldsymbol{A}^{+}=\boldsymbol{N}^{+}\boldsymbol{A}^{\mathrm{T}} \tag{4-2-8}$$

证

$$\boldsymbol{A}\boldsymbol{A}^{+}\boldsymbol{A}=\boldsymbol{A}\boldsymbol{N}^{+}\boldsymbol{A}^{\mathrm{T}}\boldsymbol{A}=\boldsymbol{A}(\boldsymbol{A}^{\mathrm{T}}\boldsymbol{A})^{+}\boldsymbol{A}^{\mathrm{T}}\boldsymbol{A}=\boldsymbol{A}$$

$$\boldsymbol{A}^{+}\boldsymbol{A}\boldsymbol{A}^{+}=\boldsymbol{N}^{+}\boldsymbol{A}^{\mathrm{T}}\boldsymbol{A}\boldsymbol{N}^{+}\boldsymbol{A}^{\mathrm{T}}=\mathrm{N}^{+}\boldsymbol{N}\boldsymbol{N}^{+}\boldsymbol{A}^{\mathrm{T}}=\boldsymbol{N}^{+}\boldsymbol{A}^{\mathrm{T}}=\boldsymbol{A}^{+}$$

$$(\boldsymbol{A}\boldsymbol{A}^{+})^{\mathrm{T}}=(\boldsymbol{A}\boldsymbol{N}^{+}\boldsymbol{A}^{\mathrm{T}})^{\mathrm{T}}=\boldsymbol{A}\boldsymbol{N}^{+}\boldsymbol{A}^{\mathrm{T}}=\boldsymbol{A}\boldsymbol{A}^{+}$$

$$(\boldsymbol{A}^{+}\boldsymbol{A})^{\mathrm{T}}=(\boldsymbol{N}^{+}\boldsymbol{A}^{\mathrm{T}}\boldsymbol{A})^{\mathrm{T}}=(\boldsymbol{N}^{+}\boldsymbol{N})^{\mathrm{T}}=(\boldsymbol{N}(\boldsymbol{N}\boldsymbol{N})^{-}\boldsymbol{N}(\boldsymbol{N}\boldsymbol{N})^{-}\boldsymbol{N}\boldsymbol{N})^{\mathrm{T}}=$$

$$(\boldsymbol{N}(\boldsymbol{NN})^{-}\boldsymbol{N})^{\mathrm{T}}=\boldsymbol{N}(\boldsymbol{NN})^{-}\boldsymbol{N}=\boldsymbol{N}^{+}\boldsymbol{A}^{\mathrm{T}}\boldsymbol{A}=\boldsymbol{A}^{+}\boldsymbol{A}$$

例 4-4

$$\boldsymbol{A}=\begin{bmatrix}-1 & 1 & 0\\ 0 & -1 & 1\\ 1 & 0 & -1\end{bmatrix},\ \boldsymbol{N}=\boldsymbol{A}^{\mathrm{T}}\boldsymbol{A}=\begin{bmatrix}2 & -1 & -1\\ -1 & 2 & -1\\ -1 & -1 & 2\end{bmatrix}$$

$$\boldsymbol{NN}=\begin{bmatrix}6 & -3 & -3\\ -3 & 6 & -3\\ -3 & -3 & 6\end{bmatrix},\ (\boldsymbol{NN})^{-}=\frac{1}{9}\begin{bmatrix}2 & 1 & 0\\ 1 & 2 & 0\\ 0 & 0 & 0\end{bmatrix}$$

$$\boldsymbol{N}^{+}=\boldsymbol{N}(\boldsymbol{NN})^{-}\boldsymbol{N}(\boldsymbol{NN})^{-}\boldsymbol{N}=\frac{1}{9}\begin{bmatrix}2 & -1 & -1\\ -1 & 2 & -1\\ -1 & -1 & 2\end{bmatrix}$$

$$\boldsymbol{A}^{+}=\boldsymbol{N}^{+}\boldsymbol{A}^{\mathrm{T}}=\frac{1}{3}\begin{bmatrix}-1 & 0 & 1\\ 1 & -1 & 0\\ 0 & 1 & -1\end{bmatrix}$$

三、相容线性方程组的广义逆解

广义逆理论的提出与解线性方程组理论有关，测量平差的基本计算归根到底是解线性方程组问题。所以下面介绍用广义逆解线性方程组的基本方法。

设有相容线性方程组

$$\underset{n,m}{\boldsymbol{A}}\ \underset{m,1}{\boldsymbol{X}}=\underset{n,1}{\boldsymbol{B}} \tag{4-2-9}$$

其解存在，设为 $\underset{m,1}{\boldsymbol{Y}}$，则有

$$\boldsymbol{AY}=\boldsymbol{B}$$

按 $\boldsymbol{A}^{-}$ 定义，有

$$\boldsymbol{AA}^{-}\boldsymbol{AY}=\boldsymbol{B}$$

或

$$\boldsymbol{AA}^{-}\boldsymbol{B}=\boldsymbol{B} \tag{4-2-10}$$

此式称为方程组(4-2-9)的相容条件。由此可知

$$\boldsymbol{X}=\boldsymbol{A}^{-}\boldsymbol{B} \tag{4-2-11}$$

为式(4-2-9)的一个特解。齐次方程组 $\boldsymbol{AX}=0$ 的一般解为

$$\boldsymbol{X}=(\boldsymbol{I}-\boldsymbol{A}^{-}\boldsymbol{A})\boldsymbol{M} \tag{4-2-12}$$

$\boldsymbol{I}$ 为单位阵，$\boldsymbol{M}$ 为任意向量。事实上

$$\boldsymbol{AX}=\boldsymbol{A}(\boldsymbol{I}-\boldsymbol{A}^{-}\boldsymbol{A})\boldsymbol{M}=(\boldsymbol{A}-\boldsymbol{AA}^{-}\boldsymbol{A})\boldsymbol{M}=0$$

因为非齐次方程组的一般解等于它的任一特解与对应齐次方程组一般解之和，故式(4-2-9)的一般解为

$$\boldsymbol{X}=\boldsymbol{A}^{-}\boldsymbol{B}+(\boldsymbol{I}-\boldsymbol{A}^{-}\boldsymbol{A})\boldsymbol{M} \tag{4-2-13}$$

这是相容方程组解的一般公式。

当 $\boldsymbol{A}$ 为 m 阶非奇异方阵时，则 $\boldsymbol{A}^{-}=\boldsymbol{A}^{-1}$，此时

$$\boldsymbol{X}=\boldsymbol{A}^{-}\boldsymbol{B}+(\boldsymbol{I}-\boldsymbol{A}^{-1}\boldsymbol{A})\boldsymbol{M}=\boldsymbol{A}^{-1}\boldsymbol{B} \tag{4-2-14}$$

§ 4-3　秩亏自由网平差原理

秩亏自由网平差的函数模型为

$$\underset{n,1}{\boldsymbol{L}}=\underset{n,t}{\boldsymbol{B}}\underset{t,1}{\boldsymbol{X}}+\underset{n1}{\boldsymbol{\Delta}},\quad R(\boldsymbol{B})=r<t \tag{4-3-1}$$

$\boldsymbol{B}$ 的列亏数 $d=t-r$，随机模型为

$$\boldsymbol{D}=\sigma_0^2\boldsymbol{Q}=\sigma_0^2\boldsymbol{P}^{-1} \tag{4-3-2}$$

一、秩亏模型参数的最小二乘解

式(4-3-1)的误差方程是

$$\boldsymbol{V}=\boldsymbol{B}\hat{\boldsymbol{X}}-\boldsymbol{l} \tag{4-3-3}$$

按 $\boldsymbol{V}^{\mathrm{T}}\boldsymbol{P}\boldsymbol{V}=\min$ 得法方程为

$$\boldsymbol{N}\hat{\boldsymbol{X}}=\boldsymbol{B}^{\mathrm{T}}\boldsymbol{P}\boldsymbol{l} \tag{4-3-4}$$

式中 $R(\boldsymbol{N})=R(\boldsymbol{B})=r$，$\boldsymbol{N}$ 奇异，法方程有一般解式(4-2-13)

$$\boldsymbol{X}=\boldsymbol{N}^{-}\boldsymbol{B}^{\mathrm{T}}\boldsymbol{P}\boldsymbol{l}+(\boldsymbol{I}-\boldsymbol{N}^{-}\boldsymbol{N})\boldsymbol{M} \tag{4-3-5}$$

式中 $\boldsymbol{N}^{-}\boldsymbol{N}\neq\boldsymbol{I}$，解 $\boldsymbol{X}$ 不惟一。

由此可知，在秩亏自由网平差中，如果像经典平差那样，只要求遵循最小二乘原则求未知参数的解。将不可能取得惟一确定的估计量，这是这种平差方法的特点。为了确定惟一的估计量，需要在遵循平差基本原则——最小二乘原则基础上附加另外条件，这个条件的确定应该保证所求得的未知参数的估计量是最优的。这样的最优解是惟一存在的，它就是法方程的最小范数解。

二、秩亏法方程的最小范数解

设满足法方程的一个解为 $\boldsymbol{X}=(x_1x_2\cdots x_t)^{\mathrm{T}}$，取其平方和的开方为

$$\|\boldsymbol{X}\|=(\boldsymbol{X}^{\mathrm{T}}\boldsymbol{X})^{\frac{1}{2}}=\sqrt{x_1^2+x_2^2+\cdots+x_t^2}$$

称为向量 $\boldsymbol{X}$ 的范数，几何意义是向量的长度。如果在法方程的一般解中有一个解 $\boldsymbol{X}$ 满足其范数最小，这个解就称为最小范数解。最小范数解满足的条件，称为最小范数条件，其表达式为

$$\|\boldsymbol{X}\|=\min \text{ 或 } \boldsymbol{X}^{\mathrm{T}}\boldsymbol{X}=\min$$

设 $\boldsymbol{N}_m^{-}$ 是 $\boldsymbol{N}^{-}$ 型 $\boldsymbol{N}$ 的广义逆，由式(4-2-11)知法方程有一个特解为

$$\boldsymbol{X}=\boldsymbol{N}_m^{-}\boldsymbol{B}^{\mathrm{T}}\boldsymbol{P}\boldsymbol{l} \tag{4-3-6}$$

如果这个特解的范数 $\|\boldsymbol{N}_m^{-}\boldsymbol{B}^{\mathrm{T}}\boldsymbol{P}\boldsymbol{l}\|$ 比起任何解的范数都要小，那它就是最小范数解。下面要证明，如果式(4-3-6)是最小范数解，则最小范数逆 $\boldsymbol{N}_m^{-}$ 必须满足如下两个方程

$$\boldsymbol{N}\boldsymbol{N}_m^{-}\boldsymbol{N}=\boldsymbol{N} \tag{4-3-7}$$

$$(\boldsymbol{N}_m^{-}\boldsymbol{N})^{\mathrm{T}}=\boldsymbol{N}_m^{-}\boldsymbol{N} \tag{4-3-8}$$

$\boldsymbol{N}_m^{-}$ 是 $\boldsymbol{N}$ 的广义逆，式(4-3-7)必须成立。式(4-3-8)表示 $\boldsymbol{N}_m^{-}\boldsymbol{N}$ 为对称阵。

按式(4-3-5)，有一般解

$$\boldsymbol{X}=\boldsymbol{N}_m^{-}\boldsymbol{B}^{\mathrm{T}}\boldsymbol{P}\boldsymbol{l}+(\boldsymbol{I}-\boldsymbol{N}_m^{-}\boldsymbol{N})\boldsymbol{M} \tag{4-3-9}$$

因特解为最小范数解，故必有

$$\| N_m^- B^T Pl \| \leqslant \| N_m^- B^T Pl + (I - N_m^- N) M \|$$

设 Y 为满足法方程的任意解向量，则有

$$NY = B^T Pl$$

代入上式得

$$\| N_m^- NY \| \leqslant \| N_m^- NY + (I - N_m^- N) M \|$$

两边平方，考虑 $\| U \|^2 = U^T U$，得

$$(N_m^- NY)^T (N_m^- NY) \leqslant (N_m^- NY + (I - N_m^- N) M)^T (N_m^- NY + (I - N_m^- N) M)$$

化简为

$$O \leqslant (N_m^- NY)^T (I - N_m^- N) M + ((I - N_m^- N) M)^T N_m^- NY + ((I - N_m^- N) M)^T (I - N_m^- N) M =$$

$$M^T (I - N_m^- N)^T (I - N_m^- N) M + 2Y^T (N_m^- N)^T (I - N_m^- N) M$$

上式右边第一项大于等于零，使不等式成立，顾及 Y 与 M 的任意性，必须使

$$(N_m^- N)^T (I - N_m^- N) = 0$$

或

$$(N_m^- N)^T = (N_m^- N)^T N_m^- N$$

两边转置

$$(N_m^- N) = (N_m^- N)^T N_m^- N$$

可见式(4-3-8)成立。

由此可知，只要取满足式(4-3-7)、或(4-3-8)两条件的广义逆 N_m^- 作为最小范数逆，按式(4-3-6)就可求得法方程的最小范数解。

三、最小范数逆

1. 定义

设 A 为 $n \times m$ 矩阵，满足如下两个方程的 G

$$AGA = A \quad (GA)^T = GA \tag{4-3-10}$$

定义为 A 的最小范数逆，记为 A_m^-，是 $m \times n$ 矩阵，一般不惟一，A_m^- 仍是 A^- 型广义逆。

最小范数逆所满足的两个条件式(4-3-10)等价于满足下列一个条件，即

$$GAA^T = A^T \tag{4-3-11}$$

事实上

$$A^T = (AGA)^T = (GA)^T A^T = GAA^T$$

所以最小范数逆所满足条件为

$$AA_m^- A = A \quad (A_m^- A)^T = A_m^- A \tag{4-3-12}$$

或

$$A_m^- AA^T = A^T \tag{4-3-13}$$

2. 计算

A_m^- 不惟一，有多种算法，在测量平差中，推荐算法如下。

$$A_m^- = A^T (AA)^- \tag{4-3-14}$$

将此式代入式(4-3-12)或式(4-3-13)都能成立。例如，代入式(4-3-13)得

$$A^T (AA^T)^- AA^T = A^T$$

顾及了广义逆 $\boldsymbol{A}^{-}$ 的性质(3)。

法方程系数阵 $\boldsymbol{N}$ 为对称方阵,则 $\boldsymbol{N}$ 的最小范数逆为

$$\boldsymbol{N}_m^{-}=\boldsymbol{N}(\boldsymbol{N}\boldsymbol{N})^{-} \tag{4-3-15}$$

四、秩亏自由网平差原理

误差方程为式(4-3-3),权阵 $\boldsymbol{P}$ 为式(4-3-2)。

平差原则:

$\boldsymbol{V}^{\mathrm{T}}\boldsymbol{P}\boldsymbol{V}=\min \qquad \hat{\boldsymbol{X}}^{\mathrm{T}}\hat{\boldsymbol{X}}=\min$

法方程及其解为

$$\boldsymbol{N}\hat{\boldsymbol{X}}=\boldsymbol{B}^{\mathrm{T}}\boldsymbol{P}\boldsymbol{l}$$

$$\hat{\boldsymbol{X}}=\boldsymbol{N}_m^{-}\boldsymbol{B}^{\mathrm{T}}\boldsymbol{P}\boldsymbol{l}=\boldsymbol{N}(\boldsymbol{N}\boldsymbol{N})^{-}\boldsymbol{B}^{\mathrm{T}}\boldsymbol{P}\boldsymbol{l} \tag{4-3-16}$$

因 $\boldsymbol{N}^{+}$ 也满足最小范数逆的两个条件,故 $\boldsymbol{N}^{+}\in\boldsymbol{N}_m^{-}$,其解也可用 $\boldsymbol{N}^{+}$ 表达,即有

$$\hat{\boldsymbol{X}}=\boldsymbol{N}^{+}\boldsymbol{B}^{\mathrm{T}}\boldsymbol{P}\boldsymbol{l}=\boldsymbol{N}(\boldsymbol{N}\boldsymbol{N})^{-}\boldsymbol{N}(\boldsymbol{N}\boldsymbol{N})^{-}\boldsymbol{N}\boldsymbol{B}^{\mathrm{T}}\boldsymbol{P}\boldsymbol{l} \tag{4-3-17}$$

单位权方差估值仍为

$$\hat{\sigma}_0^2=\frac{\boldsymbol{V}^{\mathrm{T}}\boldsymbol{P}\boldsymbol{V}}{f}=\frac{\boldsymbol{V}^{\mathrm{T}}\boldsymbol{P}\boldsymbol{V}}{n-R(\boldsymbol{B})} \tag{4-3-18}$$

$\hat{\boldsymbol{X}}$ 的协因数阵可由式(4-3-16)得

$$\boldsymbol{Q}_{\hat{X}\hat{X}}=\boldsymbol{N}_m^{-}\boldsymbol{B}^{\mathrm{T}}\boldsymbol{P}\boldsymbol{Q}\boldsymbol{P}\boldsymbol{B}(\boldsymbol{N}_m^{-})^{\mathrm{T}}=\boldsymbol{N}(\boldsymbol{N}\boldsymbol{N})^{-}\boldsymbol{N}(\boldsymbol{N}\boldsymbol{N})^{-}\boldsymbol{N}=\boldsymbol{N}^{+} \tag{4-3-19}$$

或由式(4-3-17)也可得到

$$\boldsymbol{Q}_{\hat{X}\hat{X}}=\boldsymbol{N}^{+}\boldsymbol{B}^{\mathrm{T}}\boldsymbol{P}\boldsymbol{Q}\boldsymbol{P}\boldsymbol{B}\boldsymbol{N}^{+}=\boldsymbol{N}^{+}\boldsymbol{N}\boldsymbol{N}^{+}=\boldsymbol{N}^{+} \tag{4-3-20}$$

两者结果相同,这是显然的。因此,法方程系数阵 $\boldsymbol{N}$ 的伪逆 $\boldsymbol{N}^{+}$ 就是参数估值 $\hat{\boldsymbol{X}}$ 的协因数阵。

由误差方程式(4-3-3),顾及 $\boldsymbol{Q}_{\hat{X}V}=0$,可得残差 $\boldsymbol{V}$ 的协因数阵为

$$\boldsymbol{Q}_{VV}=\boldsymbol{Q}-\boldsymbol{B}\boldsymbol{Q}_{\hat{X}\hat{X}}\boldsymbol{B}^{\mathrm{T}}=\boldsymbol{Q}-\boldsymbol{B}\boldsymbol{N}^{+}\boldsymbol{B}^{\mathrm{T}} \tag{4-3-21}$$

按广义逆解秩亏自由网的原理,由 Miffermayer(1971)提出,见参考文献[14]。

五、最小范数逆不惟一,最小范数解惟一

由式(4-3-16)知,$\boldsymbol{N}_m^{-}$ 由选择的$(\boldsymbol{N}\boldsymbol{N})^{-}$而确定,$(\boldsymbol{N}\boldsymbol{N})^{-}$有多种算法,$\boldsymbol{N}_m^{-}$ 不惟一,$\boldsymbol{N}_m^{-}$ 还可用 $\boldsymbol{N}^{+}$ 计算。但不论取哪一个最小范数逆代入式(4-3-16),其解 $\hat{\boldsymbol{X}}$ 却是惟一的。下面给出证明。

设有两个最小范数逆 $\boldsymbol{N}_{m_1}^{-}$ 和 $\boldsymbol{N}_{m_2}^{-}$,相应最小范数解为

$$\hat{\boldsymbol{X}}_1=\boldsymbol{N}_{m_1}^{-}\boldsymbol{B}^{\mathrm{T}}\boldsymbol{P}\boldsymbol{l},\quad \hat{\boldsymbol{X}}_2=\boldsymbol{N}_{m_2}^{-}\boldsymbol{B}^{\mathrm{T}}\boldsymbol{P}\boldsymbol{l}$$

按式(4-3-13)有

$$\boldsymbol{N}_{m_1}^{-}\boldsymbol{N}\boldsymbol{N}^{\mathrm{T}}=\boldsymbol{N}^{\mathrm{T}},\quad \boldsymbol{N}_{m_2}^{-}\boldsymbol{N}\boldsymbol{N}^{\mathrm{T}}=\boldsymbol{N}^{\mathrm{T}}$$

即

$$(\boldsymbol{N}_{m_1}^{-}-\boldsymbol{N}_{m_2}^{-})\boldsymbol{N}\boldsymbol{N}^{\mathrm{T}}=0$$

两边右乘$(\boldsymbol{N}_{m_1}^{-}-\boldsymbol{N}_{m_2}^{-})^{\mathrm{T}}$ 得

$$(\boldsymbol{N}_{m_1}^{-}-\boldsymbol{N}_{m_2}^{-})\boldsymbol{N}\boldsymbol{N}^{\mathrm{T}}(\boldsymbol{N}_{m_1}^{-}-\boldsymbol{N}_{m_2}^{-})^{\mathrm{T}}=0$$

或

$$[(\boldsymbol{N}_{m_1}^{-}-\boldsymbol{N}_{m_2}^{-})\boldsymbol{N}][(\boldsymbol{N}_{m_1}^{-}-\boldsymbol{N}_{m_2}^{-})\boldsymbol{N}]^{\mathrm{T}}=0$$

上式成立,必须

$$(\boldsymbol{N}_{m_1}^- - \boldsymbol{N}_{m_2}^-)\boldsymbol{N}=0$$

右乘任意解向量$\boldsymbol{Y}$,得

$$(\boldsymbol{N}_{m_1}^- - \boldsymbol{N}_{m_2}^-)\boldsymbol{N}\boldsymbol{Y}=0$$

因为$\boldsymbol{NY}=\boldsymbol{B}^{\mathrm{T}}\boldsymbol{Pl}$,故有

$$(\boldsymbol{N}_{m_1}^- - \boldsymbol{N}_{m_2}^-)\boldsymbol{B}^{\mathrm{T}}\boldsymbol{Pl}=0$$

$$\boldsymbol{N}_{m_1}^- \boldsymbol{B}^{\mathrm{T}}\boldsymbol{Pl} - \boldsymbol{N}_{m_2}^- \boldsymbol{B}^{\mathrm{T}}\boldsymbol{Pl}=0$$

$$\hat{\boldsymbol{X}}_1-\hat{\boldsymbol{X}}_2=0$$

可见,最小范数解不因最小范数逆不同而异,最小范数解惟一。

顺便指出,当$\boldsymbol{N}$为非奇异时,$\boldsymbol{N}_m^-=\boldsymbol{N}^+=\boldsymbol{N}^{-1}$法方程的解$\hat{\boldsymbol{X}}=\boldsymbol{N}^{-1}\boldsymbol{B}^{\mathrm{T}}\boldsymbol{Pl}$,就是经典间接平差,是秩亏自由网平差的特例。

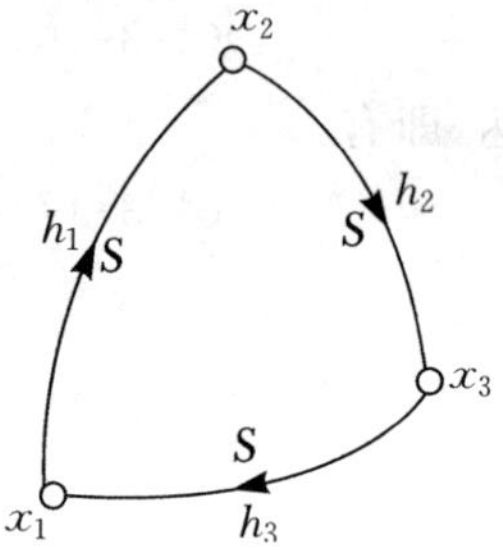

图 4-2

例 4-5 在图 4-2 中测得观测高差

$$h_1=12.345\mathrm{m}$$
$$h_2=3.478\mathrm{m}$$
$$h_3=-15.817\mathrm{m}$$

各段线路距离相等(等权),秩亏自由网平差步骤如下:

取各点近似高程为

$$H_1^0=0$$
$$H_2^0=12.345\mathrm{m}$$
$$H_3^0=15.823\mathrm{m}$$

1. 误差方程($\boldsymbol{V}=\boldsymbol{BX}-\boldsymbol{l}$)

$$\begin{bmatrix}v_1\\v_2\\v_3\end{bmatrix}=\begin{bmatrix}-1&1&0\\0&-1&1\\1&0&-1\end{bmatrix}\begin{bmatrix}x_1\\x_2\\x_3\end{bmatrix}-\begin{bmatrix}0\\0\\6\end{bmatrix}$$

常数项单位为 mm,$d=t-\mathrm{R}(\boldsymbol{B})=3-2=1$

2. 组成方程($\boldsymbol{NX}=\boldsymbol{B}^{\mathrm{T}}\boldsymbol{Pl}$)

$$\boldsymbol{N}=\boldsymbol{B}^{\mathrm{T}}\boldsymbol{B}=\begin{bmatrix}2&-1&-1\\-1&2&-1\\-1&-1&2\end{bmatrix},\ \boldsymbol{B}^{\mathrm{T}}\boldsymbol{l}=\begin{bmatrix}6\\0\\-6\end{bmatrix}$$

3. 计算$(\boldsymbol{NN})^-$和$\boldsymbol{N}_m^-=\boldsymbol{N}(\boldsymbol{NN})^-$

$$\boldsymbol{NN}=\begin{bmatrix}6&-3&-3\\-3&6&-3\\-3&-3&6\end{bmatrix}$$

因$R(\boldsymbol{N})=2,R(\boldsymbol{NN})=2$,在$\boldsymbol{NN}$中取左上角二阶行列式不为零的子阵并求凯利逆,得

$$\boldsymbol{M}=\begin{pmatrix}6&-3\\-3&6\end{pmatrix},\boldsymbol{M}^{-1}=\frac{1}{27}\begin{pmatrix}6&3\\3&6\end{pmatrix}=\frac{1}{9}\begin{pmatrix}2&1\\1&2\end{pmatrix}$$

于是

$$(\boldsymbol{NN})^-=\begin{bmatrix}2/9&1/9&0\\1/9&2/9&0\\0&0&0\end{bmatrix}$$

$$N_m^- = N(NN)^- = \frac{1}{3}\begin{bmatrix} 0 & 0 & 0 \\ 0 & 1 & 0 \\ -1 & -1 & 0 \end{bmatrix}$$

4. $\hat{X} = (\hat{x}_1\ \hat{x}_2\ \hat{x}_3)^T = N_m^- B^T l = (2 \quad 0 \quad -2)^T$

5. 平差结果

$H_1 = H_1^0 + \hat{x}_1 = 0.002\text{m}$ $v_1 = -2\text{mm}$ $\hat{h}_1 = h_1 + v_1 = 12.343\text{m}$

$H_2 = H_2^0 + \hat{x}_2 = 12.345\text{m}$ $v_2 = -2\text{mm}$ $\hat{h}_2 = h_2 + v_2 = 3.476\text{m}$

$H_3 = H_3^0 + \hat{x}_3 = 15.821\text{m}$ $v_3 = -2\text{mm}$ $\hat{h}_3 = h_3 + v_3 = -15.819\text{m}$

注意:此例闭合差 $w = h_1 + h_2 + h_3 = 6\text{mm}$,若按经典的条件平差或间接平差也可求得 $v_1 = v_2 = v_3 = -2\text{mm}$,两种方法所得改正数相同,这是由于 $V^T PV = \min$ 原则,V 的惟一性所确定。这是秩亏自由网平差的一个重要性质。

6. $\hat{X}$ 的协因数

$$Q_{\hat{X}\hat{X}} = N^+ = N_m^- N_m^- N = \frac{1}{9}\begin{bmatrix} 2 & -1 & -1 \\ -1 & 2 & -1 \\ -1 & -1 & 2 \end{bmatrix}$$

为了说明不同最小范数逆的最小范数解惟一,现取与以上计算不同的最小范数逆,进行计算如下。

$$(NN)^- = \begin{bmatrix} 2/9 & 0 & 1/9 \\ 0 & 0 & 0 \\ 1/9 & 0 & 2/9 \end{bmatrix} \quad N_m^- = N(NN)^- = \frac{1}{3}\begin{bmatrix} 1 & 0 & 0 \\ -1 & 0 & -1 \\ 0 & 0 & 1 \end{bmatrix}$$

$$\hat{X} = N_m^- B^T l = (2 \quad 0 \quad -2)^T$$

可见两者计算结果相同。

§4-4 自由网拟稳平差

我国周江文教授在上述自由网平差基础上,针对变形监测网提出了拟稳平差(参考文献[15])。本节介绍该法原理。

在监测自由网中,假定有一部分点对于另一部分点是相对稳定的。以网中所有点的高程或坐标作为未知数,可将其分为稳定的和不稳定的坐标未知数两类。设它们的近似值分别为 X_2^0 和 X_1^0,则可列出误差方程为

$$\underset{n,1}{V} = \underset{t,1}{B\hat{X}} - l_1 = (\underset{n,t_1}{B_1}\ \underset{n,t_2}{B_2})\begin{bmatrix} \hat{X}_1 \\ \hat{X}_2 \end{bmatrix} - l \tag{4-4-1}$$

式中 $t_1 + t_2 = t$。在水准网中,t_1,t_2 分别表示不稳定点、稳定点数;在平面网分别表示二倍不稳定点和稳定点数,即坐标参数个数。$R(B) = r < t$,$d = t - r$,$t > t_2 > d$,$R(B_1) = t_1$,按照最小二乘原则 $V^T PV = \min$ 由式(4-4-1)得法方程为。

$$N\hat{X} = B^T Pl$$

$$\begin{bmatrix} N_{11} & N_{12} \\ N_{21} & N_{22} \end{bmatrix}\begin{bmatrix} \hat{X}_1 \\ \hat{X}_2 \end{bmatrix} = \begin{bmatrix} B_1^T Pl \\ B_2^T Pl \end{bmatrix} \tag{4-4-2}$$

式中:$N_{11} = B_1^T PB_1$,$N_{12} = B_1^T PB_2 = N_{21}^T$,$N_{22} = B_2^T PB_2$,以及 $R(N_{11}) = R(B_1) = t_1$,N_{11} 非奇异,

$R(\boldsymbol{N})=r$，$\boldsymbol{N}$ 奇异，由式(4-4-2)不能得到惟一解。

消去不稳定未知数 $\hat{\boldsymbol{X}}_1$，可得仅有稳定未知数 $\hat{\boldsymbol{X}}_2$ 的约化法方程，即

$$(\boldsymbol{N}_{22}\cdot 1)\hat{\boldsymbol{X}}_2=\boldsymbol{B}_2^{\mathrm{T}}\boldsymbol{Pl}\cdot 1 \tag{4-4-3}$$

或写成

$$\boldsymbol{M}\hat{\boldsymbol{X}}_2=\boldsymbol{\alpha}^{\mathrm{T}}\boldsymbol{Pl} \tag{4-4-4}$$

式中已令

$$\left.\begin{aligned}\boldsymbol{M}&=\boldsymbol{N}_{22}\cdot 1=\boldsymbol{N}_{22}-\boldsymbol{N}_{21}\boldsymbol{N}_{11}^{-1}\boldsymbol{N}_{12}\\ \boldsymbol{B}_2^{\mathrm{T}}\boldsymbol{Pl}\cdot 1&=\boldsymbol{B}_2^{\mathrm{T}}\boldsymbol{Pl}-\boldsymbol{N}_{21}\boldsymbol{N}_{11}^{-1}\boldsymbol{B}_1^{\mathrm{T}}\boldsymbol{Pl}\\ \boldsymbol{\alpha}^{\mathrm{T}}&=\boldsymbol{B}_2^{\mathrm{T}}-\boldsymbol{N}_{21}\boldsymbol{N}_{11}^{-1}\boldsymbol{B}_1\end{aligned}\right\} \tag{4-4-5}$$

因为经约化后秩亏不会消除，$\boldsymbol{M}$ 仍为秩亏 d，式(4-4-4)的解不惟一。为了获得最优解，附加 $\hat{\boldsymbol{X}}_2$ 的最小范数条件 $\hat{\boldsymbol{X}}_2^{\mathrm{T}}\hat{\boldsymbol{X}}_2=\min$，于是由式(4-4-4)求得

$$\hat{\boldsymbol{X}}_2=\boldsymbol{M}_m^{-}\boldsymbol{\alpha}^{\mathrm{T}}\boldsymbol{Pl}=\bar{\boldsymbol{\alpha}}\boldsymbol{Pl} \tag{4-4-6}$$

式中令

$$\bar{\boldsymbol{\alpha}}=\boldsymbol{M}_m^{-}\boldsymbol{\alpha}^{\mathrm{T}} \tag{4-4-7}$$

或用 $\boldsymbol{M}^{+}$ 代 $\boldsymbol{M}_m^{-}$，则式(4-4-6)为

$$\hat{\boldsymbol{X}}_2=\boldsymbol{M}^{+}\boldsymbol{\alpha}^{\mathrm{T}}\boldsymbol{Pl} \tag{4-4-8}$$

将式(4-4-6)代入式(4-4-2)中第一式，得

$$\hat{\boldsymbol{X}}_1=\boldsymbol{N}_{11}^{-1}(\boldsymbol{B}_1^{\mathrm{T}}\boldsymbol{Pl}-\boldsymbol{N}_{12}\hat{\boldsymbol{X}}_2)=\boldsymbol{\beta Pl} \tag{4-4-9}$$

式中令

$$\boldsymbol{\beta}=\boldsymbol{N}_{11}^{-1}(\boldsymbol{B}_1^{\mathrm{T}}-\boldsymbol{N}_{12}\bar{\boldsymbol{\alpha}}) \tag{4-4-10}$$

由式(4-4-9)、式(4-4-6)可得

$$\boldsymbol{Q}_{\hat{X}\hat{X}}=\begin{bmatrix}\boldsymbol{Q}_{\hat{X}_1\hat{X}_1} & \boldsymbol{Q}_{\hat{X}_1\hat{X}_2}\\ \boldsymbol{Q}_{\hat{X}_2\hat{X}_1} & \boldsymbol{Q}_{\hat{X}_2\hat{X}_2}\end{bmatrix}=\begin{bmatrix}\boldsymbol{\beta P\beta}^{\mathrm{T}} & \boldsymbol{\beta P}\hat{\boldsymbol{\alpha}}^{\mathrm{T}}\\ \hat{\boldsymbol{\alpha}}\boldsymbol{P\beta}^{\mathrm{T}} & \bar{\boldsymbol{\alpha}}\boldsymbol{P}\bar{\boldsymbol{\alpha}}^{\mathrm{T}}\end{bmatrix} \tag{4-4-11}$$

残差及单位权方差估计为

$$\boldsymbol{V}=\boldsymbol{B}\hat{\boldsymbol{X}}-\boldsymbol{l}=(\boldsymbol{B}_1\boldsymbol{\beta P}+\boldsymbol{B}_2\bar{\boldsymbol{\alpha}}\boldsymbol{P}-\boldsymbol{I})\boldsymbol{l} \tag{4-4-12}$$

$$\hat{\sigma}_0^2=\frac{\boldsymbol{V}^{\mathrm{T}}\boldsymbol{PV}}{n-\mathrm{R}(\boldsymbol{B})} \tag{4-4-13}$$

例 4-6 同例 4-5，设图 4-2 中水准点 x_2 和 x_3 为稳定未知数，作拟稳平差。

1. 误差方程

$$\begin{bmatrix}v_1\\v_2\\v_3\end{bmatrix}=\begin{bmatrix}-1&1&0\\0&-1&1\\1&0&-1\end{bmatrix}\begin{bmatrix}\hat{x}_1\\\hat{x}_2\\\hat{x}_3\end{bmatrix}-\begin{bmatrix}0\\0\\6\end{bmatrix}$$

则有

$$\boldsymbol{B}_1=\begin{bmatrix}-1\\0\\1\end{bmatrix}\quad \boldsymbol{B}_2=\begin{bmatrix}1&0\\-1&1\\0&-1\end{bmatrix}\quad \hat{\boldsymbol{X}}_1=(\hat{x}_1),\ \hat{\boldsymbol{X}}_2=\begin{bmatrix}\hat{x}_2\\\hat{x}_3\end{bmatrix}$$

$$t=3,\ t_1=1, t_2=2, d=1。$$

2. 计算以下矩阵

$$N=\begin{bmatrix}2 & -1 & -1\\ -1 & 2 & -1\\ -1 & -1 & 2\end{bmatrix}$$

其中 $N_{11}=2, N_{12}=(-1\quad -1)=N_{21}^{\mathrm{T}}, N_{22}=\begin{pmatrix}2 & -1\\ -1 & 2\end{pmatrix}$

$$M=N_{22}-N_{21}N_{11}^{-1}N_{12}=\begin{pmatrix}3/2 & -3/2\\ -3/2 & 3/2\end{pmatrix}$$

$$|M|=0,\ R(M)=1$$

$$\alpha^{\mathrm{T}}=B_2^{\mathrm{T}}-N_{21}N_{11}^{-1}B_1^{\mathrm{T}}=\begin{pmatrix}1/2 & 1 & 1/2\\ -1/2 & 1 & -1/2\end{pmatrix}$$

$$MM=\begin{pmatrix}9/2 & *\\ * & *\end{pmatrix}\text{(注:符号 * 表示不必计算)}$$

$$(MM)^{-}=\begin{pmatrix}2/9 & 0\\ 0 & 0\end{pmatrix}, M_m^{-}=M(MM)^{-}=\begin{pmatrix}1/3 & 0\\ -1/3 & 0\end{pmatrix}$$

$$\bar{\alpha}=M_m^{-}\alpha^{\mathrm{T}}=\begin{pmatrix}1/6 & -1/3 & 1/6\\ -1/6 & 1/3 & -1/6\end{pmatrix}$$

$$\beta=N_{11}^{-1}(B_1^{\mathrm{T}}-N_{12}\bar{\alpha})=(-1/2\quad 0\quad 1/2)$$

3. 计算 $\hat{X}_2, \hat{X}_1$ 和 $X^0+\hat{X}$

$$\hat{X}_2=\bar{\alpha}l=\begin{pmatrix}1/6 & -1/3 & 1/6\\ -1/6 & 1/3 & -1/6\end{pmatrix}\begin{pmatrix}0\\ 0\\ 6\end{pmatrix}=\begin{pmatrix}1\\ -1\end{pmatrix}$$

$$x_2+x_3=1-1=0\text{(检核)}$$

$$\hat{X}_1=\beta l=(-1/2\quad 0\quad 1/2)\begin{pmatrix}0\\ 0\\ 6\end{pmatrix}=3$$

$$\hat{X}=(\hat{x}_1\quad \hat{x}_2\quad \hat{x}_3)^{\mathrm{T}}=(3\quad 1\quad -1)^{\mathrm{T}}$$

$$H=X^0+\hat{X}=(0.03\quad 12.346\quad 15.822)^{\mathrm{T}}$$

$$V=\begin{bmatrix}-1 & 1 & 0\\ 0 & -1 & 1\\ 1 & 0 & -1\end{bmatrix}\begin{bmatrix}3\\ 1\\ -1\end{bmatrix}-\begin{bmatrix}0\\ 0\\ 6\end{bmatrix}=\begin{bmatrix}-2\\ -2\\ -2\end{bmatrix}$$

$$\hat{h}=h+V=(12.343\quad 3.476\quad -15.819)^{\mathrm{T}}$$

4. 计算 $Q_{\hat{X}\hat{X}}$

$$Q_{\hat{X}\hat{X}}=\begin{bmatrix}\beta\beta^{\mathrm{T}} & \beta\bar{\alpha}^{\mathrm{T}}\\ \bar{\alpha}\beta^{\mathrm{T}} & \bar{\alpha}\bar{\alpha}^{\mathrm{T}}\end{bmatrix}=\left[\begin{array}{c:cc}1/2 & 0 & 0\\ \hdashline 0 & 1/6 & -1/6\\ 0 & -1/6 & 1/6\end{array}\right]$$

由例 4-6 与例 4-5 的平差结果可知,两种自由网平差结果中残差 V 与观测值 h 的平差值 $\hat{h}$ 完全相同,而高程改正数 $\hat{X}$ 与 $Q_{\hat{X}\hat{X}}$ 两者不同。前者的 V 值由 $V^{\mathrm{T}}PV=\min$ 所确定,故相同,而坐标参数的确定还取决于最小范数准则。由于 $\hat{X}^{\mathrm{T}}\hat{X}=\min$ 与 $\hat{X}_2^{\mathrm{T}}\hat{X}_2=\min$ 的不同,求

得的 $\hat{\boldsymbol{X}}$ 也不相同。

§4-5　自由网平差及其基准变换

一、自由网平差总述

在自由网平差理论中，可作这样的分类；一类是假定网中有必要的（而不是多余的）起始数据，称为经典自由网平差；一类是网中不存在起始数据，按最小范数准则不同，称为秩亏自由网平差和拟稳平差。

拟稳平差的误差方程为

$$\underset{n,1}{\boldsymbol{V}}=(\underset{n,t_1}{\boldsymbol{B}_1}\ \ \underset{n,t_2}{\boldsymbol{B}_2})\begin{pmatrix}\underset{t_1,1}{\hat{\boldsymbol{X}}_1}\\ \underset{t_2,1}{\hat{\boldsymbol{X}}_2}\end{pmatrix}-\underset{n,1}{\boldsymbol{l}} \tag{4-5-1}$$

式中 $t_1+t_2=t$，　$d=t-R(\boldsymbol{B})$，$t>t_2>d$。平差准则为

$$\boldsymbol{V}^{\mathrm{T}}\boldsymbol{P}\boldsymbol{V}=\min \qquad \hat{\boldsymbol{X}}_2^{\mathrm{T}}\hat{\boldsymbol{X}}_2=\min$$

如果取 $t_2=t, t_1=0$，$\boldsymbol{X}_1$ 不存在，$\boldsymbol{X}_2$ 即为网中全部坐标未知数，则 $\boldsymbol{B}_2=\boldsymbol{B}$，$\boldsymbol{N}_{22}=\boldsymbol{N}$，$\boldsymbol{M}=\boldsymbol{N}$ $\boldsymbol{B}_2^{\mathrm{T}}\boldsymbol{Pl}\cdot 1=\boldsymbol{B}^{\mathrm{T}}\boldsymbol{Pl}$，于是拟稳平差的参数解就是秩亏自由网平差公式。

如果取 $t_2=d, t_1=\mathrm{R}(\boldsymbol{B})=r$，即拟稳参数 $\hat{\boldsymbol{X}}_2$ 的元素个数恰好等于网的秩亏数 d，此时拟稳平差中 $\boldsymbol{M}$ 为 d 阶方阵，而 $\boldsymbol{M}$ 的秩亏为 d，即 $\boldsymbol{M}$ 的秩为零，$\boldsymbol{M}$ 必为零阵，$\hat{\boldsymbol{X}}_2$ 有无穷多解，而满足 $\hat{\boldsymbol{X}}_2^{\mathrm{T}}\hat{\boldsymbol{X}}_2=\min$ 的解必是 $\hat{\boldsymbol{X}}_2^{\mathrm{T}}=0$，亦即该网起算坐标的改正数为零，其解 $\hat{\boldsymbol{X}}_1=\boldsymbol{N}_{11}^{-1}\boldsymbol{B}_1^{\mathrm{T}}\boldsymbol{Pl}$ 就是经典自由网的解。

所以从理论上而言，拟稳平差理论是自由网平差的一般理论，经典、秩亏自由网平差可视作拟稳平差的特例。

由于上述各类自由网平差求得的观测值改正值 $\boldsymbol{V}$ 完全相同，平差后的网形相似。因此可以通过相似变换使各类平差的坐标值相互转化。

二、微分相似变换原理

设将参数 $\boldsymbol{X}$ 相似变换至 $\tilde{\boldsymbol{X}}$，以二维网为例，若只考虑网形旋转，则有

$$\tilde{\boldsymbol{X}}=\boldsymbol{R}\boldsymbol{X} \tag{4-5-2}$$

式中 $\boldsymbol{R}$ 为旋转矩阵

$$\boldsymbol{R}=\begin{bmatrix}\cos\alpha & -\sin\alpha\\ \sin\alpha & \cos\alpha\end{bmatrix} \tag{4-5-3}$$

令 $\boldsymbol{R}$ 的充分近似值为 $\boldsymbol{R}^0$，故有

$$\tilde{\boldsymbol{X}}=\boldsymbol{R}^0\boldsymbol{X}+\delta\boldsymbol{R}\boldsymbol{X} \tag{4-5-4}$$

当旋转角 α 很小时，可取 $\alpha^0=0$，则

$$\boldsymbol{R}^0=\begin{bmatrix}1 & 0\\ 0 & 1\end{bmatrix}=\boldsymbol{I}$$

$$\delta\boldsymbol{R}=\begin{bmatrix}-\sin\alpha^0\delta\alpha & -\cos\alpha^0\delta\alpha\\ \cos\alpha^0\delta\alpha & -\sin\alpha^0\delta\alpha\end{bmatrix}=\begin{bmatrix}0 & -\delta\alpha\\ \delta\alpha & 0\end{bmatrix}$$

对于网中第 i 点坐标，由式(4-5-4)可得

$$\begin{bmatrix}\tilde{x}_i-x_i\\ \tilde{y}_i-y_i\end{bmatrix}=\begin{bmatrix}0 & -\delta\alpha\\ \delta\alpha & 0\end{bmatrix}\begin{bmatrix}x_i\\ y_i\end{bmatrix}=\begin{bmatrix}-y_i\\ x_i\end{bmatrix}\delta\alpha \tag{4-5-5}$$

将网形旋转后再平移，平移量为 δx 和 δy，则上式为

$$\begin{bmatrix}\tilde{x}_i-x_i\\ \tilde{y}_i-y_i\end{bmatrix}=\begin{bmatrix}1 & 0 & -y_i\\ 0 & 1 & x_i\end{bmatrix}\begin{bmatrix}\delta x\\ \delta y\\ \delta\alpha\end{bmatrix} \tag{4-5-6}$$

再考虑比例尺缩放，即 $\tilde{x}_i-x_i=\delta\lambda x_i$，$\tilde{y}_i-y_i=\delta\lambda y_i$ 于是上式为

$$\begin{bmatrix}\tilde{x}_i-x_i\\ \tilde{y}_i-y_i\end{bmatrix}=\begin{bmatrix}1 & 0 & -y_i & x_i\\ 0 & 1 & x_i & y_i\end{bmatrix}[\delta x \quad \delta y \quad \delta\alpha \quad \delta\lambda]^{\mathrm{T}} \tag{4-5-7}$$

设网中共有 m 个点 $(x_i,y_i)\,i=1,2,\cdots,m$，则其微分相似变换公式为

$$\tilde{\boldsymbol{X}}_1-\boldsymbol{X}=\boldsymbol{S}\,\boldsymbol{D} \tag{4-5-8}$$

式中

$$\underset{2m,1}{\tilde{\boldsymbol{X}}}=[\tilde{x}_1 \quad \tilde{y}_1 \quad \tilde{x}_2 \quad \tilde{y}_2 \quad \cdots \quad \tilde{x}_m \quad \tilde{y}_m]^{\mathrm{T}}$$

$$\underset{2m,1}{\boldsymbol{X}}=[x_1 \quad y_1 \quad x_2 \quad y_2 \quad \cdots \quad x_m \quad y_m]^{\mathrm{T}}$$

$$\underset{4,1}{\boldsymbol{D}}=[\delta x \quad \delta y \quad \delta\alpha \quad \delta\lambda]^{\mathrm{T}}$$

$$\underset{2m,4}{\boldsymbol{S}}=\begin{bmatrix}1 & 0 & -y_1 & x_1\\ 0 & 1 & x_1 & y_1\\ \vdots & \vdots & \vdots & \vdots\\ 1 & 0 & -y_m & x_m\\ 0 & 1 & x_m & y_m\end{bmatrix} \tag{4-5-9}$$

当自由网为一维时，例如水准网，则有

$$\underset{m,1}{\tilde{\boldsymbol{X}}}=[\tilde{x}_1\cdots\tilde{x}_m]^{\mathrm{T}},\quad \underset{m,1}{\boldsymbol{X}}=[x_1\cdots x_m]^{\mathrm{T}},\quad \underset{1,1}{\boldsymbol{D}}=\delta x$$

$$\underset{1,m}{\boldsymbol{S}^{\mathrm{T}}}=[1 \quad 1 \quad \cdots \quad 1] \tag{4-5-10}$$

对于测边网，不存在 $\delta\lambda$，$\boldsymbol{S}$ 为 $2m\times3$ 矩阵，可将式(4-5-9)右边最后一列除去即得。

对于 GPS 网，不存在 $\delta\alpha_1$，$\delta\alpha_2$，$\delta\alpha_3$ 和 $\delta\lambda$，故有

$$\underset{3m,1}{\tilde{\boldsymbol{X}}}=[\tilde{x}_1 \quad \tilde{y}_1 \quad \tilde{z}_1 \quad \cdots \quad \tilde{x}_m \quad \tilde{y}_m \quad \tilde{z}_m)^{\mathrm{T}}$$

$$\underset{3m,1}{\boldsymbol{X}}=[x_1 \quad y_1 \quad z_1 \quad \cdots \quad x_m \quad y_m \quad z_m)^{\mathrm{T}}$$

$$\underset{3m,3}{\boldsymbol{S}^{\mathrm{T}}}=\begin{bmatrix}1\,0\,0 & 1\,0\,0 & \cdots & 1\,0\,0\\ 0\,1\,0 & 0\,1\,0 & \cdots & 0\,1\,0\\ 0\,0\,1 & 0\,0\,1 & \cdots & 0\,0\,1\end{bmatrix},\quad \boldsymbol{D}=\begin{bmatrix}\delta x\\ \delta y\\ \delta z\end{bmatrix}$$

三、自由网平差的基准变换

自由网平差在变形监测分析中应用广泛，对于变形分析需要引入基准概念。经典自由网平差中的起始坐标，在变形分析中是不动点，以不动点监测动点称为固定基准；拟稳平差中的拟稳点坐标，视为网中相对稳定点，以此监测动点，称为拟稳基准；秩亏自由网平差中点动与不动的概率视为相似，相互监测，称为重心基准。所谓基准变换就是在同一自由网中，

已知任一基准的平差坐标(最小二乘解)可变换至另一基准的平差坐标(最小二乘解)。由于采用微分相似变换公式,平差坐标是指近似值的改正数。

设 $\boldsymbol{X}$ 为某类自由网平差坐标(如秩亏自由网平差结果),现要变换另一类自由网平差坐标(如拟稳平差结果),相似变换公式(4-5-8),即

$$\widetilde{\boldsymbol{X}}=\boldsymbol{X}+\boldsymbol{S}\boldsymbol{D} \tag{4-5-11}$$

式中 $\boldsymbol{X},\boldsymbol{S}$ 已知,求 $\boldsymbol{D}$ 或 $\widetilde{\boldsymbol{X}}$。设需求的 $\widetilde{\boldsymbol{X}}$ 属于 $\widetilde{\boldsymbol{X}}^{\mathrm{T}}\boldsymbol{W}\widetilde{\boldsymbol{X}}=\min$ 的基准。例如,拟稳基准 $\widetilde{\boldsymbol{X}}_2^{\mathrm{T}}\widetilde{\boldsymbol{X}}_2=\min$,即

$$\widetilde{\boldsymbol{X}}_2^{\mathrm{T}}\widetilde{\boldsymbol{X}}_2=(\widetilde{\boldsymbol{X}}_1^{\mathrm{T}}\quad\widetilde{\boldsymbol{X}}_2^{\mathrm{T}})\begin{pmatrix}0 & 0\\ 0 & \boldsymbol{I}\end{pmatrix}\begin{pmatrix}\widetilde{\boldsymbol{X}}_1\\ \widetilde{\boldsymbol{X}}_2\end{pmatrix}=\min \tag{4-5-12}$$

此时 $\boldsymbol{W}=\begin{pmatrix}0 & 0\\ 0 & \boldsymbol{I}\end{pmatrix}$,$\boldsymbol{W}$ 可按具体问题确定。

为达到式(4-5-12)要求,可在式(4-5-11)中对 $\boldsymbol{D}$ 求导,并令其为零,即

$$\frac{\partial\widetilde{\boldsymbol{X}}^{\mathrm{T}}\boldsymbol{W}\widetilde{\boldsymbol{X}}}{\partial\boldsymbol{D}}=2\widetilde{\boldsymbol{X}}^{\mathrm{T}}\boldsymbol{W}\frac{\partial\widetilde{\boldsymbol{X}}}{\partial\boldsymbol{D}}=2\widetilde{\boldsymbol{X}}^{\mathrm{T}}\boldsymbol{W}\boldsymbol{S}=0$$

将式(4-5-11)代入,得

$$\boldsymbol{S}^{\mathrm{T}}\boldsymbol{W}(\boldsymbol{X}+\boldsymbol{S}\boldsymbol{D})=0$$

$$\boldsymbol{D}=-(\boldsymbol{S}^{\mathrm{T}}\boldsymbol{W}\boldsymbol{S})^{-1}\boldsymbol{S}^{\mathrm{T}}\boldsymbol{W}\boldsymbol{X} \tag{4-5-13}$$

最后由式(4-5-11)求得变换结果为

$$\widetilde{\boldsymbol{X}}=(\boldsymbol{I}-\boldsymbol{S}(\boldsymbol{S}^{\mathrm{T}}\boldsymbol{W}\boldsymbol{S})^{-1}\boldsymbol{S}^{\mathrm{T}}\boldsymbol{W})\boldsymbol{X}=\boldsymbol{H}\boldsymbol{X} \tag{4-5-14}$$

式中 $\boldsymbol{H}$ 为变换矩阵。$\widetilde{\boldsymbol{X}}$ 的协因数为

$$\boldsymbol{Q}_{\widetilde{X}\widetilde{X}}=\boldsymbol{H}\boldsymbol{Q}_{XX}\boldsymbol{H}^{\mathrm{T}} \tag{4-5-15}$$

式(4-5-14)、式(4-5-15)为自由网基准变换的一般公式。

例 4-7 数据同例 4-5,图 4-2 中已知 x_1 的高程为 0m,x_2 和 x_3 的近似高程 $x_2^0=12.345\mathrm{m}$,$x_3^0=15.823\mathrm{m}$,进行经典间接平差,平差结果为

$$\hat{x}_2=-2\mathrm{mm},\quad \hat{x}_3=-4\mathrm{mm}\quad(\hat{x}_1=0)$$

$$v_1=v_2=v_3=-2\mathrm{mm}$$

$$\boldsymbol{Q}_{\hat{X}\hat{X}}=\begin{bmatrix}0 & 0 & 0\\ 0 & 2/3 & 1/3\\ 0 & 1/3 & 2/3\end{bmatrix}\quad(\text{因 }\hat{x}_1\text{ 为固定点})$$

求以 x_2 和 x_3 为拟稳点的拟稳平差结果。近似高程数据与经典平差相同,即 $x_1^0=0\mathrm{m}$,$x_2^0=12.345\mathrm{m}$,$x_3^0=15.823\mathrm{m}$。

在式(4-5-14)中,已知

$$\boldsymbol{X}=(\hat{x}_1\quad\hat{x}_2\quad\hat{x}_3)^{\mathrm{T}}=(0\quad -2\quad -4)^{\mathrm{T}}$$

$$\boldsymbol{S}^{\mathrm{T}}=(1\quad 1\quad 1)$$

$$\boldsymbol{W}=\begin{bmatrix}0 & 0 & 0\\ 0 & 1 & 0\\ 0 & 0 & 1\end{bmatrix}$$

计算

$$
\boldsymbol{H}=\begin{bmatrix}1&0&0\\0&1&0\\0&0&1\end{bmatrix}-\begin{bmatrix}1\\1\\1\end{bmatrix}\frac{1}{2}[0\quad 1\quad 1]=\begin{bmatrix}1&-1/2&-1/2\\0&1/2&-1/2\\0&-1/2&1/2\end{bmatrix}
$$

$$
\tilde{\boldsymbol{X}}=\boldsymbol{H}\boldsymbol{X}=[3\quad 1\quad -1]^{\mathrm{T}}\qquad \boldsymbol{V}=(-2\quad -2\quad -2)^{\mathrm{T}}
$$

$$
\boldsymbol{Q}_{\tilde{X}\tilde{X}}=\boldsymbol{H}\boldsymbol{Q}_{XX}\boldsymbol{H}^{\mathrm{T}}=\begin{bmatrix}1/2&0&0\\0&1/6&-1/6\\0&-1/6&1/6\end{bmatrix}
$$

与例 4-6 拟稳平差结果同。

例 4-8 将例 4-7 拟稳平差结果变换至秩亏自由网平差结果。近似高程数据与例4-7相同。

此时，$\boldsymbol{X}=(3\quad 1\quad -1)^{\mathrm{T}}$ $\qquad \boldsymbol{S}^{\mathrm{T}}=(1\quad 1\quad 1)$

$$
\boldsymbol{W}=\begin{bmatrix}1&0&0\\0&1&0\\0&0&1\end{bmatrix}=\boldsymbol{I},\ 即\ \tilde{\boldsymbol{X}}^{\mathrm{T}}\tilde{\boldsymbol{X}}=\min
$$

按式(4-5-14)计算，得

$$
\boldsymbol{H}=\begin{bmatrix}1&0&0\\0&1&0\\0&0&1\end{bmatrix}-\begin{bmatrix}1\\1\\1\end{bmatrix}\frac{1}{3}[1\quad 1\quad 1]=\begin{bmatrix}2/3&-1/3&-1/3\\-1/3&2/3&-1/3\\-1/3&-1/3&2/3\end{bmatrix}
$$

$$
\hat{\boldsymbol{X}}=\boldsymbol{H}\boldsymbol{X}=(2\quad 0\quad -2)^{\mathrm{T}}\qquad \boldsymbol{V}=(-2\quad -2\quad -2)^{\mathrm{T}}
$$

$$
\boldsymbol{Q}_{\tilde{X}\tilde{X}}=\boldsymbol{H}\boldsymbol{Q}_{XX}\boldsymbol{H}^{\mathrm{T}}=\frac{1}{9}\begin{bmatrix}2&-1&-1\\-1&2&-1\\-1&-1&2\end{bmatrix}
$$

结果与例 4-5 完全相同。

§4-6 用于变形分析的自由网平差

为了监测工程变形和地壳运动，需要布设形变监测网。利用不同周期的重复观测，分析监测网点的位移情况。位移量大小、方向等是相对网中参考基准而言的。而本章介绍的自由网平差正是结合基准的特定平差方法，很适合用于监测网。这是自由网平差应用的最主要方面。本节仅举例说明其应用。

监测网一般可归纳为两种类型：一是所布网中部分点是不动点或相对不动点，构成基准对网中其它点进行监测；二是网中全部点是否移动要通过观测数据分析才能判定。对于前一类型监测网，各期都进行固定基准或拟稳基准的经典平差或拟稳平差，但要对基准的稳定性进行假设检验。对于后一类型的监测网，一般先按重心基准进行秩亏自由网平差，通过观测数据统计检验分析，找出网中相对稳定点，用拟稳平差对监测网点的位移进行分析。

用于变形分析的监测网，一般要求两期观测的网形相同，观测方案包括观测精度、观测个数等也都相同，所不同的仅是两期观测值数值不同，即存在差异。设第Ⅰ、Ⅱ期观测向量分别为 $\boldsymbol{L}_{\mathrm{I}}$ 和 $\boldsymbol{L}_{\mathrm{II}}$，其差值为 $\Delta\boldsymbol{L}=\boldsymbol{L}_{\mathrm{II}}-\boldsymbol{L}_{\mathrm{I}}$。在这种情况下，作秩亏自由网平差，不必分别单独求两期坐标差值再计算坐标变化量。可直接用差值 $\Delta\boldsymbol{L}$ 为观测值进行秩亏自由网平差，直接求得两期坐标的变化量。

设两期观测差值向量为 $\boldsymbol{\Delta L}$，其权阵由下式确定：

$$D(\boldsymbol{\Delta L})=D(\boldsymbol{L}_1)+D(\boldsymbol{L}_2),\quad D(\boldsymbol{\Delta L})=\sigma_0^2\boldsymbol{Q}_{\Delta L}=\sigma_0^2\boldsymbol{P}_{\Delta L}^{-1} \tag{4-6-1}$$

当 $D(\boldsymbol{L}_1)$、$D(\boldsymbol{L}_2)$ 为对角阵时，则

$$\boldsymbol{P}_{\Delta L_i}=\frac{\sigma_0^2}{\sigma_{L_{1(i)}}^2+\sigma_{L_{2(i)}}^2} \tag{4-6-2}$$

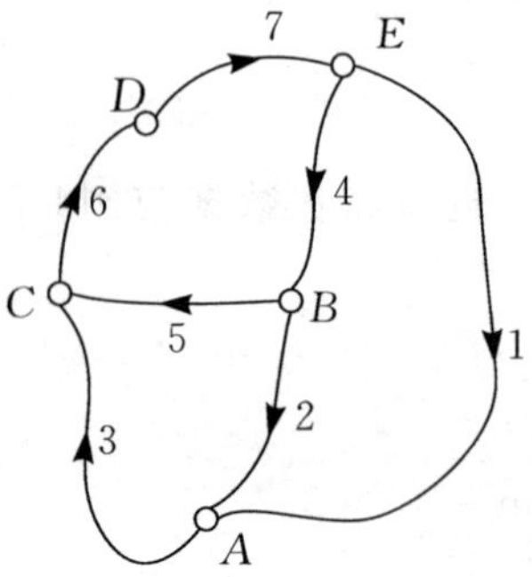

图 4-3

再设坐标变化量为 $\delta\boldsymbol{X}$，则可组成误差方程为

$$\boldsymbol{V}=\boldsymbol{B}\delta\boldsymbol{X}-\boldsymbol{\Delta L} \tag{4-6-3}$$

不必选取坐标近似值，平值准则为

$$\boldsymbol{V}^{\mathrm{T}}\boldsymbol{P}\boldsymbol{V}=\min \qquad \delta\boldsymbol{X}^{\mathrm{T}}\delta\boldsymbol{X}=\min$$

或

$$\boldsymbol{V}^{\mathrm{T}}\boldsymbol{P}\boldsymbol{V}=\min \qquad \delta\boldsymbol{X}_2^{\mathrm{T}}\delta\boldsymbol{X}_2=\min$$

例 4-9 为了监测某测区地面沉降布测了图 4-3 所示水准网，于 1968 年和 1974 年分别进行了观测，其数据列于表 4-1。

表 4-1 地面沉降观测数据

路线	观测高差 h/m		长度 S/km	权 $P_{\Delta h}$ $\Delta h=h_2-h_1$	高差变化量/cm		
	1968 年	1974 年			Δh	V	$\widetilde{\Delta}\hat{h}$
1	−24.8680	−24.7837	98.4	0.254	8.43	−2.68	5.75
2	−8.9328	−8.9466	21.4	0.789	−1.38	0.84	−0.54
3	−4.2122	−4.2104	79.1	0.316	0.18	−0.07	0.11
4	−15.9358	−15.8943	24.3	0.525	4.15	2.15	6.30
5	−13.1412	−13.1540	44.7	0.559	−1.28	0.84	−0.44
6	9.9877	9.9886	42.4	0.398	0.09	1.14	1.23
7	19.1222	19.0388	68.4	0.365	−8.34	1.22	−7.12

误差方程

$$\boldsymbol{V}=\boldsymbol{B}\delta\boldsymbol{X}-\boldsymbol{\Delta h}$$

$$V_1=\delta x_A-\delta x_E-8.43$$
$$V_2=\delta x_A-\delta x_B+1.38$$
$$V_3=-\delta x_A+\delta x_C-0.18$$
$$V_4=\delta x_B-\delta x_E-4.15$$
$$V_5=-\delta x_B+\delta x_C+1.28$$
$$V_6=-\delta x_C+\delta x_D-0.09$$
$$V_7=-\delta x_D+\delta x_E+8.34$$

进行秩亏自由网平差：

$$\delta\boldsymbol{X}=\boldsymbol{N}(\boldsymbol{N}\boldsymbol{N})^{-}\boldsymbol{B}^{\mathrm{T}}\boldsymbol{P}_{\Delta h}\boldsymbol{\Delta h}$$

$$\delta\boldsymbol{X}=[0.75\quad 1.29\quad 0.87\quad 2.10\quad -5.02]^{\mathrm{T}}(\mathrm{cm})$$

$$\boldsymbol{Q}_{\delta X\delta X}=\boldsymbol{N}(\boldsymbol{N}\boldsymbol{N})^{-}\boldsymbol{N}(\boldsymbol{N}\boldsymbol{N})^{-}\boldsymbol{N}$$

$$
Q_{\delta X\delta X}=\begin{bmatrix} 0.572 & -0.060 & -0.105 & -0.383 & 0.142 \\ & 0.412 & 0.064 & 0.331 & -0.077 \\ & \text{对} & 0.540 & -0.108 & 0.263 \\ & & \text{称} & 0.937 & 0.115 \\ & & & & 0.598 \end{bmatrix}
$$

$$
\hat{\sigma}_0^2=\frac{\boldsymbol{V}^{\mathrm{T}}\boldsymbol{PV}}{n-R(\boldsymbol{B})}=\frac{6.28}{7-4}=2.09
$$

计算结果列于表 4-2。

表 4-2 各点高程变化量及其中误差计算

点　名	A	B	C	D	E
δx/cm	0.75	1.29	0.87	2.10	−5.02
$\hat{\sigma}_{\delta x}$/cm	1.09	0.92	1.06	1.40	1.12

对于变形分析，这还不是最后结论，还要通过假设检验，判定在显著水平 α 下高程变化量是否显著，即要判定是点的高程变化是否测量偶然误差所致。

例 4-10 同例 4-9，由上例看，其中 A,B,C 三点的高程变化量较小，现令其为拟稳点，则有

$$
\boldsymbol{V}=(\boldsymbol{B}_1\ \boldsymbol{B}_2)\begin{pmatrix}\delta\boldsymbol{X}_1\\ \delta\boldsymbol{X}_2\end{pmatrix}-\Delta\boldsymbol{h}
$$

式中 $\delta\boldsymbol{X}_1=(\delta X_E\quad \delta X_D)^{\mathrm{T}}$，$\delta\boldsymbol{X}_2=(\delta x_B\quad \delta x_A\quad \delta x_C)^{\mathrm{T}}$，即误差方程

$$
\begin{bmatrix} V_1\\V_2\\V_3\\V_4\\V_5\\V_6\\V_7 \end{bmatrix}=\left[\begin{array}{cc:ccc} -1 & \cdot & \cdot & 1 & \cdot \\ \cdot & \cdot & -1 & 1 & \cdot \\ \cdot & \cdot & \cdot & -1 & 1 \\ -1 & \cdot & 1 & \cdot & \cdot \\ \cdot & \cdot & -1 & \cdot & 1 \\ \cdot & 1 & \cdot & \cdot & -1 \\ 1 & -1 & \cdot & \cdot & \cdot \end{array}\right]\left[\begin{array}{c} \delta x_E\\ \delta x_D\\ \hdashline \delta x_B\\ \delta x_A\\ \delta x_C \end{array}\right]-\begin{bmatrix} 8.43\\-1.38\\0.18\\4.15\\-1.28\\0.09\\-8.34 \end{bmatrix}
$$

$$
\delta\boldsymbol{X}_2=\boldsymbol{M}_m^-\boldsymbol{\alpha}^{\mathrm{T}}\boldsymbol{P}_{\Delta h}\Delta\boldsymbol{h}=(0.32\quad -0.21\quad -0.10)^{\mathrm{T}}
$$

$$
\delta\boldsymbol{X}_1=\boldsymbol{\beta}\boldsymbol{P}_{\Delta h}\Delta\boldsymbol{h}=(-5.99\quad 1.12)^{\mathrm{T}}
$$

$$
\boldsymbol{Q}_{\delta x_1\delta x_1}=\begin{bmatrix}1.063 & 0.467\\ 0.467 & 1.634\end{bmatrix}\quad \boldsymbol{Q}_{\delta x_1\delta x_2}=\begin{bmatrix}0.091 & -0.012 & -0.079\\ -0.050 & -0.142 & 0.192\end{bmatrix}
$$

$$
\boldsymbol{Q}_{\delta x_2\delta x_2}=\begin{bmatrix}0.284 & -0.105 & -0.179\\ -0.105 & 0.366 & -0.262\\ -0.179 & -0.262 & 0.440\end{bmatrix}
$$

$$
\hat{\sigma}_0^2=2.08
$$

计算结果列于表 4-3。

表 4-3 各点高程变化量及其标准差计算

点 名	A	B	C	D	E
δ_x/cm	−0.22	0.32	−0.10	1.11	−5.99
$\hat{\sigma}_{\delta x}$/cm	0.87	0.77	0.96	1.85	1.49

现对以上两种不同基准平差结果进行比较，可以看出：

(1)以上两类平差求得的$\mathbf{V}$,$\hat{\sigma}_0^2$ 基本相同。这是最小二乘准则的必然结果。

(2)秩亏自由网平差高程变化量相对拟稳平差要均匀。拟稳平差中所选拟稳点高程变化量减小；突出变形点，其变形量较前者结果大。这一结果说明，如果在测区中的变形量变化较均匀，就应采用重心基准用秩亏自由网平差。如果拟稳点确实存在，采用重心基准将会导致变形量均匀分配而失真，采用拟稳基准就能相对正确判定各点的变形量。

(3)以上两种平差求得 δx，均差为一常数 0.97，即将拟稳平差求得的 δx 加上 0.97，正好就是秩亏自由网平差结果。这是两者(一维)的基准差。

(4)秩亏自由网平差中网中全部点的高程变化量之和为零，而拟稳平差中拟稳点(A、B、C 三点)高程变化量之和为零，这是所属基准确定的，也可作为计算的校核。

用于变形分析的自由网平差是进行变形分析的关键，主要是结合选定的基准，排除误差的干扰，最优地确定其变形量。但是，如何选取基准，分析网中各点的变形分布，所求出的变形量是否真实合理等还需要运用统计假设检验的理论和方法。这些方法基本上可通过本书第二章所述理论导出。有关检验方法可参阅文献[13]。

第五章　平差模型的稳健估计

§5-1　概　述

测量数据处理是对一组含有误差的观测值，依一定的数学模型，包括函数模型和随机模型，按某种估计准则，求出未知参数的最优估值，并评定其精度。当观测值中仅包含偶然误差时，按最小二乘准则估计平差模型的参数，将具有最优的统计性质，亦即所估参数为最优线性无偏估计。

统计学家根据大量观测数据分析指出，在生产实践和科学实验所采集的数据中，粗差出现的概率约为1%～10%(Huber,1964)。粗差被定义为比最大偶然误差还要大的误差，如果平差模型中包含了这种粗差，即使为数不多，仍将严重歪曲参数的最小二乘估计值，影响成果的质量，造成极为不良的后果。随着全球定位系统(GPS)、地理信息系统(GIS)、遥感(RS)等先进测量技术的发展，测量数据采集的现代化和自动化，在某种意义上而言，粗差也不可避免地被包含在平差模型之中。因此，如何处理同时存在偶然误差和粗差的观测数据，以达到减弱或消除其对成果的影响，是近20年来现代测量平差所注意研究的理论课题。

现代测量平差理论中，考虑粗差产生的原因和影响，在数据处理时可将粗差归为函数模型，或归为随机模型。将粗差归为函数模型，粗差即表现为观测误差绝对值较大且偏离群体；将粗差归为随机模型，粗差即表现为先验随机模型和实际随机模型的差异过大。

将粗差归为函数模型，可解释为均值漂移模型，其处理的思想是在正式进行最小二乘平差之前探测和定位粗差，然后剔除含粗差的观测值，得到一组比较净化的观测值，以便符合最小二乘平差观测值只具有偶然误差的条件；而将粗差归为随机模型，可解释为方差膨胀模型，其处理的思想是根据逐次迭代平差的结果来不断地改变观测值的权或方差，最终使粗差观测值的权趋于零或方差趋于无穷大。这种方法可以保证所估计的参数少受模型误差，特别是粗差的影响。

前已指出，在测量数据服从正态分布情况下，最小二乘估计具有最优统计性质。但最小二乘法对含粗差的观测量相当敏感，个别粗差就会对参数的估值产生较大的影响。下面是一个简单的例子。

设某量x的真值为10m，对其进行了8次观测，得

$l_1=10.001\text{m}$　$l_2=10.002\text{m}$　$l_3=9.998\text{m}$　$l_4=9.993\text{m}$

$l_5=10.001\text{m}$　$l_6=10.008\text{m}$　$l_7=10.500\text{m}$　$l_8=9.997\text{m}$

采用最小二乘估计，即取其平均值得$\hat{x}=10.0625\text{m}$。由此例可以看出，由于受粗差观测值l_7的干扰，使最小二乘估计结果失实，与真值偏差较大。

稳健估计(Robust Estimation)，这个名词是G. E. P. BOX于1953年提出的。由于电子计算机出现为稳健估计提供了计算手段，使之能实际应用，在20世纪60年代开始引起人们的重视和研究。Huber于1964年发表的《定位参数的稳健估计》[17]论文为稳健估计理论奠

定了基础。Tukey、Frank、Hampel、Rousseeuw 等人对参数的稳健估计进行了卓有成效的研究，经过众多数理统计学家几十年的开拓和耕耘，至今稳健估计已发展成为一门受到多学科关注的分支学科。稳健估计与经典估计理论的根本区别在于前者是把稳健估计理论建立在符合于观测数据的实际分布模式，而不是像后者那样建立在某种理想的分布模式上。

测量界应用和研究稳健估计主要是为了抵抗和排除粗差干扰，故常称它为抗差估计。本章仅结合测量平差模型的特点，阐述有关的稳健估计原理及其实用的稳健平差方法。

§5-2 稳健估计原理

稳健估计讨论问题的方式是对于实际问题有一个假定模型，同时又认为这个模型并不准确，而只是实际问题理论模型的一个近似。它要求解决这类问题的估计方法应达到以下目标，即

(1)在假定的观测分布模型下，估值应是最优的或接近最优的；

(2)当假设的分布模型与实际的理论分布模型有较小差异时，估值受到粗差的影响较小；

(3)当假设的分布模型与实际的理论分布模型有较大偏离时，估值不至于受到破坏性影响。

稳健估计的基本思想是：在粗差不可避免的情况下，选择适当的估计方法，使参数的估值尽可能避免粗差的影响，得到正常模式下的最佳估值。稳健估计的原则是要充分利用观测数据(或样本)中的有效信息，限制利用可用信息，排除有害信息。由于事先不能准确知道观测数据中有效信息和有害信息所占比例以及它们具体包含在哪些观测中，从抗差的主要目标着眼是要冒损失一些效率的风险，去获得较可靠的、具有实际意义的、较有效的估值。

一、极大似然估计准则

设独立观测样本 $L_1,L_2,\cdots,L_n$，X 为待估参数，L_i 的分布密度为 $f(l_i,\hat{X})$，其极大似然估计准则为

$$f(l_1,l_2,\cdots,l_n,\hat{X}) = f(l_1,x)\cdot f(l_2,x)\cdots f(l_n,x) = \max \tag{5-2-1}$$

或

$$\sum_{i=1}^{n}\ln f(l_i,\hat{X}) = \max \tag{5-2-2}$$

二、正态分布密度下的极大似然估计准则

设独立观测样本 $L_i \sim N(\mu_i,\sigma^2)$，其密度函数为

$$f(l_i) = \frac{1}{\sqrt{2\pi}\sigma}\exp\left\{-\frac{(l_i-\mu_i)^2}{2\sigma^2}\right\}$$

参数 X 的极大似然估计准则由式(5-2-1)得

$$f(l_1,l_2,\cdots,l_n,\hat{X}) = (\frac{1}{\sqrt{2\pi}\sigma})^n\exp\left\{-\frac{\sum_{i=1}^{n}(l_i-\hat{\mu}_i)^2}{2\sigma^2}\right\} = \max$$

或

$$\sum_{i=1}^{n}(l_i-\hat{\mu}_i)^2=\sum_{i=1}^{n}v_i^2=\min \tag{5-2-3}$$

亦即正态分布密度下的极大似然估计准则就是最小二乘估计准则。

三、稳健估计的极大似然估计准则

稳健估计基本可以分为三大类型，即

M 估计：又称为极大似然估计，基于 1964 年 Huber 所提出的 M 估计理论，丹麦的 Krarup 和 Kubik 等人于 1980 年将稳健估计理论引入测量界。

L 估计：又称为排序线性组合估计，在测绘界也有一定范围的应用。

R 估计：又称秩估计，目前在测绘界应用还很少。

由于 M 估计是测量平差中最主要的抗差准则，下面着重对 M 估计加以讨论。

设观测样本 $L_1,L_2,\cdots,L_n,X$ 为待估参数，观测值 L_i 的分布密度为 $f(l_i,\hat{X})$，按式(5-2-2) 极大似然估计准则为

$$\sum_{i=1}^{n}\ln f(l_i,\hat{X})=\max \tag{5-2-4}$$

若以 $\rho(\cdot)$ 代替 $-\ln f(\cdot)$，则极大似然估计准则可改写为

$$\sum_{i=1}^{n}\rho(l_i,\hat{X})=\min \tag{5-2-5}$$

对上式求导，得

$$\sum_{i=1}^{n}\varphi(l_i,\hat{X})=0 \tag{5-2-6}$$

其中 $\varphi(l,\hat{X})=\dfrac{\partial\rho(l,\hat{X})}{\partial\hat{X}}$。

由此可见，有一个 ρ(或 φ) 函数，就定义了一个 M 估计，所以 M 估计是指由式(5-2-4) 或式(5-2-5) 定义的一大类估计。常用的 ρ 函数是对称、连续、严凸或者在正半轴上非降的函数，而且 φ 函数常取成满足上述条件的 ρ 函数的导函数。

采用 M 估计的关键是确定 ρ(或 φ) 函数。作为一种稳健估计方法，ρ 函数的选取必须满足上述的稳健估计基本思想和参数稳健估计的三个目标。

如果将 ρ 函数选为

$$\rho(l_i,\hat{X})=(l_i-\hat{\mu}_i)^2$$

从而

$$\sum_{i=1}^{n}\rho(l_i,\hat{X})=\sum_{i=1}^{n}v_i^2$$

此为最小二乘准则，它不具有抗差性，就不能认为它是一种稳健的估计方法。

§5-3　稳健估计的选权迭代法

M 估计的估计方法有许多种，在测量平差中应用最广泛、计算简单、算法类似于最小二乘平差、易于程序实现的是选权迭代法。

设独立观测值为$\underset{n,1}{\boldsymbol{L}}$，未知参数向量为$\underset{t,1}{\hat{\boldsymbol{X}}}$，误差方程及权阵为

$$\boldsymbol{V}=\boldsymbol{B}\hat{\boldsymbol{X}}-\boldsymbol{l}=\begin{pmatrix}b_1\\b_2\\\vdots\\b_n\end{pmatrix}\hat{\boldsymbol{X}}-\begin{pmatrix}l_1\\l_2\\\vdots\\l_n\end{pmatrix}\qquad \boldsymbol{P}=\begin{bmatrix}p_1&&&\\&p_2&&\\&&\ddots&\\&&&p_n\end{bmatrix}\tag{5-3-1}$$

式中 $\boldsymbol{b}_i$ 为 $1\times t$ 系数向量。

考虑误差方程，M 估计的函数 $\rho(\boldsymbol{l}_i,\hat{\boldsymbol{X}})$ 可表述为

$$\rho(\boldsymbol{l}_i,\hat{\boldsymbol{X}})=\rho(v_i)\tag{5-3-2}$$

一、等权独立观测的选权迭代法

设式(5-3-1)中的权阵 $\boldsymbol{P}=\boldsymbol{I}$，即 $p_1=p_2=\cdots=p_n=1$，按 M 估计极大似然估计准则并取 ρ 函数为式(5-3-2)，则为

$$\sum_{i=1}^{n}\rho(v_i)=\min\tag{5-3-3}$$

上式对 $\boldsymbol{X}$ 求导，同时记 $\varphi(v_i)=\dfrac{\partial\rho}{\partial v_i}$，可得

$$\sum_{i=1}^{n}\varphi(v_i)\boldsymbol{b}_i=0$$

对上式进行转置，得

$$\sum_{i=1}^{n}\boldsymbol{b}_i^{\mathrm{T}}\varphi(v_i)=0$$

或

$$\sum_{i=1}^{n}\boldsymbol{b}_i^{\mathrm{T}}\frac{\varphi(v_i)}{v_i}v_i=0\tag{5-3-4}$$

令 $w_i=\dfrac{\varphi(v_i)}{v_i}$，并将式(5-3-4)写成矩阵形式，得

$$\boldsymbol{B}^{\mathrm{T}}\boldsymbol{W}\boldsymbol{V}=0\tag{5-3-5}$$

式中

$$\underset{n,n}{\boldsymbol{W}}=\begin{bmatrix}w_1&&&\\&w_2&&\\&&\ddots&\\&&&w_n\end{bmatrix}=\begin{bmatrix}\dfrac{\varphi(v_1)}{v_1}&&&\\&\dfrac{\varphi(v_2)}{v_2}&&\\&&\ddots&\\&&&\dfrac{\varphi(v_n)}{v_n}\end{bmatrix}\tag{5-3-6}$$

称为稳健权矩阵，其元素 w_i 称为稳健权因子，简称权因子，是相应残差 v_i 的函数。

将误差方程式(5-3-1)代入式(5-3-5)，可得 M 估计的法方程式为

$$\boldsymbol{B}^{\mathrm{T}}\boldsymbol{W}\boldsymbol{B}\hat{\boldsymbol{X}}=\boldsymbol{B}^{\mathrm{T}}\boldsymbol{W}\boldsymbol{l}\tag{5-3-7}$$

当选定 ρ 函数后，稳健权阵 $\boldsymbol{W}$ 可以确定，但 w_i 是 v_i 的函数，故稳健估计需要对权进行迭代求解。

二、不等权独立观测的选权迭代法

误差方程及权阵为式(5-3-1)，Huber于1964提出的M估计准则式(5-3-3)没有考虑测量中不等精度观测情况，但这种情况在测量平差中是普遍情形。为此，周江文教授于1989年提出了不等权独立观测情况下的M估计准则为

$$\sum_{i=1}^{n} p_i\rho(v_i) = \sum_{i=1}^{n} p_i\rho(\boldsymbol{b}_i\hat{\boldsymbol{X}} - l_i) = \min \tag{5-3-8}$$

与上述“一”小节推导类似，将上式对$\boldsymbol{X}$求导，同时记$\varphi(v_i) = \dfrac{\partial\rho}{\partial v_i}$，可得

$$\sum_{i=1}^{n} p_i\varphi(v_i)\boldsymbol{b}_i = 0 \tag{5-3-9}$$

令$\bar{p}_i = p_i w_i, w_i = \dfrac{\varphi(v_i)}{v_i}$，则有

$$\sum_{i=1}^{n} \boldsymbol{b}_i^{\mathrm{T}}\bar{p}_i v_i = 0$$

或

$$\boldsymbol{B}^{\mathrm{T}}\bar{\boldsymbol{P}}\boldsymbol{V} = 0 \tag{5-3-10}$$

将$\boldsymbol{V} = \boldsymbol{B}\hat{\boldsymbol{X}} - \boldsymbol{l}$代入，可得$M$估计的法方程为

$$\boldsymbol{B}^{\mathrm{T}}\bar{\boldsymbol{P}}\boldsymbol{B}\hat{\boldsymbol{X}} - \boldsymbol{B}^{\mathrm{T}}\bar{\boldsymbol{P}}\boldsymbol{l} = 0 \tag{5-3-11}$$

式中$\bar{\boldsymbol{P}}$为等价权阵，$\bar{p}_i$为等价权元素，是观测权p_i与权因子w_i之积，其定义由周江文给出。当$p_1 = p_2 = \cdots = p_n = 1$时，则$\bar{\boldsymbol{P}} = \boldsymbol{W}$，准则式(5-3-8)就是式(5-3-3)，可见后者是前者的特殊情况。

上式与最小二乘估计中的法方程形式完全一致，仅用等价权阵$\bar{\boldsymbol{P}}$代替观测权阵$\boldsymbol{P}$。由于$\bar{\boldsymbol{P}}$是残差$\boldsymbol{V}$的函数，计算前$\boldsymbol{V}$未知，只能通过给其赋予一定的初值，采用迭代方法估计参数$\hat{\boldsymbol{X}}$。由此得参数的稳健M估计为

$$\hat{\boldsymbol{X}} = (\boldsymbol{B}^{\mathrm{T}}\bar{\boldsymbol{P}}\boldsymbol{B})^{-1}\boldsymbol{B}^{\mathrm{T}}\bar{\boldsymbol{P}}\boldsymbol{l} \tag{5-3-12}$$

三、选权迭代法进行稳健估计的算法

选权迭代法计算的迭代过程如下。

(1) 列立误差方程，令各权因子初值均为1，即令$w_1 = w_2 = \cdots = w_n = 1, \boldsymbol{W} = \boldsymbol{I}$，则$\bar{\boldsymbol{P}}^{(0)} = \boldsymbol{P}, \boldsymbol{P}$为观测权阵；

(2) 解算法方程式(5-3-11)，得出参数$\hat{\boldsymbol{X}}$和残差$\boldsymbol{V}$的第一次估值，即

$$\hat{\boldsymbol{X}}^{(1)} = (\boldsymbol{B}^{\mathrm{T}}\boldsymbol{P}\boldsymbol{B})^{-1}\boldsymbol{B}^{\mathrm{T}}\boldsymbol{P}\boldsymbol{l}$$
$$\boldsymbol{V}^{(1)} = \boldsymbol{B}\hat{\boldsymbol{X}}^{(1)} - \boldsymbol{l}$$

(3) 由$\boldsymbol{V}^{(1)}$按$\dfrac{\varphi(V_i)}{V_i} = w_i$确定各观测值新的权因子，按$\bar{p}_i = p_i w_i$构造新的等价权阵$\bar{\boldsymbol{P}}^{(1)}$，再解算法方程(5-3-11)，得出参数$\hat{\boldsymbol{X}}$和残差$\boldsymbol{V}$的第二次估值，即

$$\hat{\boldsymbol{X}}^{(2)} = (\boldsymbol{B}^{\mathrm{T}}\bar{\boldsymbol{P}}^{(1)}\boldsymbol{B})^{-1}\boldsymbol{B}^{\mathrm{T}}\bar{\boldsymbol{P}}^{(1)}\boldsymbol{l}$$
$$\boldsymbol{V}^{(2)} = \boldsymbol{B}\hat{\boldsymbol{X}}^{(2)} - \boldsymbol{l}$$

(4) 由$\boldsymbol{V}^{(2)}$构造新的等价权$\bar{\boldsymbol{P}}^{(2)}$，再解算法方程，类似迭代计算，直至前后两次解的差值

符合限差要求为止；

(5) 最后结果为

$$\hat{\boldsymbol{X}}^{(k)} = (\boldsymbol{B}^{\mathrm{T}}\overline{\boldsymbol{P}}^{(k-1)}\boldsymbol{B})^{-1}\boldsymbol{B}^{\mathrm{T}}\overline{\boldsymbol{P}}^{(k-1)}\boldsymbol{l}$$

$$\boldsymbol{V}^{(k)} = \boldsymbol{B}\hat{\boldsymbol{X}}^{(k-1)} - \boldsymbol{l}$$

由于 $\overline{p}_i = p_i w_i$，而 $w_i = \dfrac{\varphi(v_i)}{v_i}$，$\varphi(v_i) = \dfrac{\partial\rho}{\partial v_i}$，故随着 ρ 函数的选取不同，构成了权函数的多种不同形式，但权函数总是一个在平差过程中随改正数变化的量，其中 w_i 与 v_i 的大小成反比，v_i 愈大，w_i，$\overline{p}_i$ 就愈小，因此经过多次迭代，从而使含有粗差的观测值的权函数为零(或接近为零)，使其在平差中不起作用，而相应的观测值残差在很大程度上反映了其粗差值。这样一种通过在平差过程中变权实现参数估计的稳健性的方法，称之为选权迭代法。

四、几个著名的 ρ 函数

(1) Huber 函数

$$\rho(u) = \begin{cases} \dfrac{1}{2}u^2 & |u| \leqslant k \\ k|u| - \dfrac{1}{2}k^2 & |u| > k \end{cases} \tag{5-3-13}$$

$$\varphi(u) = \begin{cases} u & |u| \leqslant k \\ k\,\mathrm{sgn}(u) & |u| > k \end{cases}$$

$$w(u) = \begin{cases} 1 & |u| \leqslant k \\ \dfrac{k}{|u|} & |u| > k \end{cases}$$

式中：$u = \dfrac{v}{s}$，在 $|u| \leqslant k$ 区间 s 取 $\hat{\sigma}$(标准差)，在 $|u| > k$ 区间 s 取 MAD，$MAD = \underset{i}{\mathrm{med}}|v_i|$；

k 为常数；$\mathrm{sgn}(u) = \begin{cases} 1 & u > 0 \\ 0 & u = 0 \\ -1 & u < 0 \end{cases}$。

式中 MAD 为中位绝对差，亦即取一组 v_i 绝对值的中位数。将 v_i 按绝对值大小排列，若总个数为奇数，中位数就是位于中间的值，若总个数为偶数，则可取其最中间两个数的平均值，v_i 为观测值的残差。

(2) 残差绝对和最小函数

$$\rho(u) = |u| \tag{5-3-14}$$

$$\varphi(u) = \mathrm{sgn}(u)$$

$$w(u) = \mathrm{sgn}(u)/u = \frac{1}{|u|}$$

式中 $u = v/MAD$。

(3) Tukey 函数

$$\rho(u) = \begin{cases} \dfrac{1}{6}[1-(1-u^2)^3] & |u| \leqslant 1 \\ \dfrac{1}{6} & |u| > 1 \end{cases} \tag{5-3-15}$$

$$\varphi(u)=\begin{cases}u(1-u^2)^2 & |u|\leqslant 1\\ 0 & |u|>1\end{cases}$$

$$w(u)=\begin{cases}(1-u^2)^2 & |u|\leqslant 1\\ 0 & |u|>1\end{cases}$$

式中 $u=\dfrac{v}{c\cdot MAD}$，c 为回归因子。

(4)Hampel 函数

$$\rho(u)=\begin{cases}\dfrac{1}{2}u^2 & |u|\leqslant a\\ a|u|-\dfrac{1}{2}a^2 & a<|u|\leqslant b\\ ab-\dfrac{1}{2}a^2+(c-b)\dfrac{a}{2}\left[1-\left(\dfrac{c-|u|}{c-b}\right)^2\right] & b<|u|\leqslant c\\ ab-\dfrac{1}{2}a^2+(c-b)\dfrac{a}{2} & c<|u|\end{cases} \tag{5-3-16}$$

$$\varphi(u)=\begin{cases}u & |u|\leqslant a\\ a\cdot \operatorname{sgn}(u) & a<|u|\leqslant b\\ a\cdot\dfrac{c-|u|}{c-b}\cdot\operatorname{sgn}(u) & b<|u|\leqslant c\\ 0 & c<|u|\end{cases}$$

$$w(u)=\begin{cases}1 & |u|\leqslant a\\ \dfrac{a}{|u|} & a<|u|\leqslant b\\ a\cdot\dfrac{c-|u|}{(c-b)\,|u|} & b<|u|\leqslant c\\ 0 & |u|>c\end{cases}$$

式中 $u=\dfrac{v}{MAD}$，a,b,c 为调制系数。

从以上列举的几个著名ρ函数可以看出，其特点是当u小于某个数，相当于残差v小于n倍标准差时，其权因子 $w(u)$ 取为 1 或近于 1，相当于最小二乘估计定权方法。如 u 大于某个数，则其权因子就小于1，作降权处理，有的函数在u大于某个值时，取权因子为零，即采用淘汰法，将该观测予以剔除。

以上给出的函数，都是由统计学者给出的，其特点是数据样本来自于直接抽样而且数据等权，因而在 ρ 函数中出现了中位绝对差。统计学中许多 ρ 函数都可成功地用于等权直接平差情况。

将稳健估计的选权迭代法用于测量平差模型，测绘界作了大量的研究，以统计学界的 ρ 函数为基础扩展至适用于测量平差模型(间接子样)，估计准则顾及了观测数据的权阵，引进了等价权概念，使稳健估计成为抵抗粗差的一种有效的平差方法。为此，周江文等将此法称为抗差最小二乘法[18]。

§5-4　几种常用的抗差最小二乘法

设平差的函数模型和随机模型为

$$\underset{n,1}{\boldsymbol{L}} = \underset{n,t}{\boldsymbol{B}}\underset{t,1}{\boldsymbol{X}} + \underset{n,1}{\boldsymbol{\Delta}} \qquad \boldsymbol{D} = \boldsymbol{\sigma}_0^2\boldsymbol{Q} = \boldsymbol{\sigma}_0^2\boldsymbol{P}^{-1} \tag{5-4-1}$$

式中 $R(\boldsymbol{B}) = t$，相应的误差方程及权阵为

$$\boldsymbol{V} = \boldsymbol{B}\hat{\boldsymbol{X}} - \boldsymbol{l} \qquad \boldsymbol{P}(\text{对角}) \tag{5-4-2}$$

$\boldsymbol{l} = \boldsymbol{L} - \boldsymbol{B}\boldsymbol{X}^0$，$\boldsymbol{X}^0$ 为 $\boldsymbol{X}$ 的近似值。

一、残差绝对和最小法

ρ 函数为

$$\rho(u) = |u| \tag{5-4-3}$$

相应的权因子为

$$w_i = \frac{\varphi(v_i)}{v_i} = \frac{\partial|v|}{\partial v_i}\frac{1}{v_i} = \frac{1}{|v_i|} \tag{5-4-4}$$

为了解决迭代计算中因 $v_i = 0$ 出现定权问题，计算时也可取权因子为

$$w_i = \frac{1}{|v_i| + k} \tag{5-4-5}$$

k 为很小数。

平差准则为

$$\sum_{i=1}^{n} P_i|v_i| = \min \tag{5-4-6}$$

即带观测权的残差绝对和为最小。顾及等价权元素 $\bar{P}_i = P_i w_i$，按式(5-3-11)可得此法的法方程及其解为

$$\boldsymbol{B}^{\mathrm{T}}\bar{\boldsymbol{P}}\boldsymbol{B}\hat{\boldsymbol{X}} = \boldsymbol{B}^{\mathrm{T}}\bar{\boldsymbol{P}}\boldsymbol{l}$$

$$\hat{\boldsymbol{X}} = (\boldsymbol{B}^{\mathrm{T}}\bar{\boldsymbol{P}}\boldsymbol{B})^{-1}\boldsymbol{B}^{\mathrm{T}}\bar{\boldsymbol{P}}\boldsymbol{l} \tag{5-4-7}$$

式中 $\bar{\boldsymbol{P}}$ 为对角阵，其元素为 $\bar{P}_i$。

此法也称为残差一次范数最小法(L_1 法)。

例 5-1　设某变量 x 的真值为 10m，对其进行 8 次观测，得

$l_1 = 10.001$，　$l_2 = 10.002$，　$l_3 = 9.998$，　$l_4 = 9.993$

$l_5 = 10.001$，　$l_6 = 10.008$，　$l_7 = 10.100$，　$l_8 = 9.997$

解：此题是一个直接平差的算例，利用间接平差计算实际上等同于加权平均。

(1) 设所有观测值的权都为 1，加权平均得 $\hat{x} = 10.0125$；

(2) 分别求各观测值的改正数的绝对值 $|v_i|$，取 $k = 10^{-6}$；

(3) 根据 $w_i = \dfrac{1}{|v_i| + k}$ 定权得各观测值的一组新权因子：

$w_1 = 86.948961$，$w_2 = 95.229026$，$w_3 = 68.960761$，$w_4 = 51.279422$

$w_5 = 86.948961$，$w_6 = 222.172850$，$w_7 = 11.428441$，$w_8 = 64.511967$

(4) 使用新获得的权进行加权平均值 $\hat{x} = 10.0037734451$；

(5) 重复进行第(2)～(4)步直到计算结果收敛为止，经过 10 次迭代运算最后结果为

$\hat{x}=10.001$。各次运算的权和参数估计结果列于表 5-1(权只取小数后面 2 位)。

表 5-1　L_1 法权和参数估计迭代计算

	W_1	W_2	W_3	W_4	W_5	W_6	W_7	W_8	X/m
1	1.00	1.00	1.00	1.00	1.00	1.00	1.00	1.00	10.0125
2	86.95	95.23	68.96	51.28	86.95	222.17	11.43	64.51	10.0037734451
3	360.43	563.56	173.18	92.81	360.43	236.54	10.39	147.61	10.0017175929
4	1391.61	3528.49	268.92	114.70	1391.61	159.15	10.17	211.93	10.0014349253
5	2293.97	1766.55	291.04	118.54	2293.97	152.30	10.15	225.43	10.0011557419
6	6379.91	1183.07	316.78	122.60	6379.91	146.09	10.12	240.57	10.0010212340
7	44976.09	1020.65	330.88	124.65	44976.09	143.27	10.10	248.62	10.0010004292
8	699703.56	999.43	333.17	124.98	699703.56	142.85	10.10	249.91	10.0010000003
9	999747.33	999.00	333.22	124.98	999747.33	142.84	10.10	249.94	10.0009999998
10	999778.54	999.00	333.22	124.98	999778.54	142.84	10.10	249.94	10.0009999998

例 5-2　在图 5-1 所示的水准网中,A 和 B 是已知高程的水准点,并设这些点已知高程无误差。图中 P_1,P_2 为待定点,A 和 B 点高程,观测高差,和相应的水准路线长度列于表 5-2。试求各点的平差高程。(在水准路线 h_2 中人为加入 2dm 的粗差)

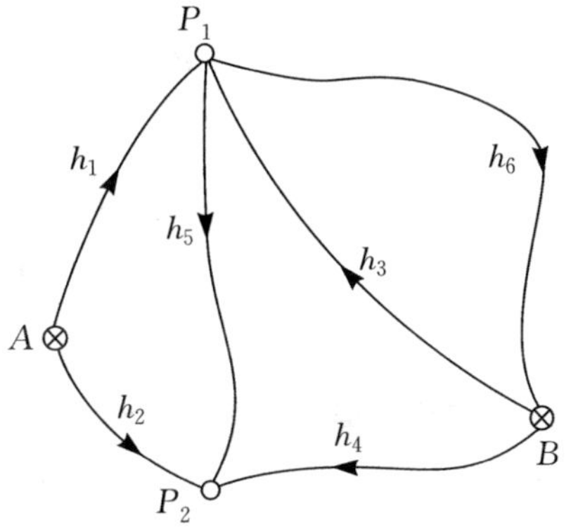

图　5-1

表 5-2　观测数据

线路编号	观测高差 /m	线路长度 /km	已知高程 /m
1	+1.359	1.1	$H_A=5.016$
2	+2.209	1.7	$H_B=6.016$
3	+0.363	2.3	
4	+1.012	2.7	
5	+0.657	2.4	
6	−0.357	4.0	

解:(1) 列误差方程

设 P_1,P_2 点高程平差值为 $\hat{X}_1$,$\hat{X}_2$,相应的近似值取为

$$X_1^0=H_A+h_1,X_2^0=H_A+h_2$$

按图 5-1 列出平差值方程后,将观测数据代入即得误差方程

$$\left.\begin{aligned} v_1 &= \hat{x}_1 & &+0 \\ v_2 &= & \hat{x}_2 &+0 \\ v_3 &= \hat{x}_1 & &-4 \\ v_4 &= & \hat{x}_2 &+197 \\ v_5 &= -\hat{x}_1 & +\hat{x}_2 &+193 \\ v_6 &= -\hat{x}_1 & &-2 \end{aligned}\right\}$$

$$\boldsymbol{B} = \begin{bmatrix} 1 & 0 \\ 0 & 1 \\ 1 & 0 \\ 0 & 1 \\ -1 & 1 \\ -1 & 0 \end{bmatrix}, \quad \boldsymbol{l} = \begin{bmatrix} 0 \\ 0 \\ 4 \\ -197 \\ -193 \\ 2 \end{bmatrix}$$

式中常数项以 mm 为单位。

(2) 定权

以 1km 的观测高差为单位权观测值，观测值相互独立，定权为 $p_i = 1/S_i$，则

$$\boldsymbol{P} = \begin{bmatrix} 0.91 & & & & & \\ & 0.59 & & & & \\ & & 0.43 & & & \\ & & & 0.37 & & \\ & & & & 0.42 & \\ & & & & & 0.25 \end{bmatrix}$$

设初始值
$$\boldsymbol{w} = \begin{bmatrix} 1.0 & & & & & \\ & 1.0 & & & & \\ & & 1.0 & & & \\ & & & 1.0 & & \\ & & & & 1.0 & \\ & & & & & 1.0 \end{bmatrix}$$

则

$$\overline{\boldsymbol{P}} = \boldsymbol{P}\boldsymbol{w} = \begin{bmatrix} 0.91 & & & & & \\ & 0.59 & & & & \\ & & 0.43 & & & \\ & & & 0.37 & & \\ & & & & 0.42 & \\ & & & & & 0.25 \end{bmatrix}$$

组成法方程 $\boldsymbol{B}^{\mathrm{T}}\overline{\boldsymbol{P}}\boldsymbol{B}\hat{\boldsymbol{x}} - \boldsymbol{B}^{\mathrm{T}}\overline{\boldsymbol{P}}\boldsymbol{l} = 0$

(3) 解法方程得

$$\hat{\boldsymbol{x}} = \begin{bmatrix} \hat{x}_1 \\ \hat{x}_2 \end{bmatrix} = \begin{bmatrix} 18.821668 \\ -105.829637 \end{bmatrix}$$

(4) 计算改正数，得

$$
\boldsymbol{V} = \boldsymbol{B}\hat{\boldsymbol{x}} - \boldsymbol{l} = \begin{bmatrix} 18.821668 \\ -105.829637 \\ 14.821668 \\ 91.170363 \\ 68.348695 \\ -20.821668 \end{bmatrix}
$$

(5) 取 $k = 10^{-10}$，根据 $w_i = \dfrac{1}{|v_i| + k}$ 定权得各观测值的一组新权因子 $\boldsymbol{w}$。

(6) 重复计算(2)～(5)步直到改正数收敛为止。

表 5-3 是前 4 次迭代的权因子和改正数。

表 5-3　权因子迭代计算

	h_1		h_2		h_3		h_4		h_5		h_6	
	w_1	v_1	w_2	v_2	w_3	v_3	w_4	v_4	w_5	v_5	w_6	v_6
1	1.00	18.82	1.00	−105.83	1.00	14.82	1.00	91.17	1.00	68.35	1.00	−20.82
2	0.05	5.42	0.01	−123.72	0.07	1.42	0.01	73.28	0.01	63.86	0.05	−7.42
3	0.18	2.96	0.01	−136.91	0.70	−1.04	0.01	60.09	0.02	53.13	0.13	−4.96
4	0.34	2.45	0.01	−148.02	0.96	−1.55	0.02	48.98	0.02	42.53	0.20	−4.45
⋮	⋮	⋮	⋮	⋮	⋮	⋮	⋮	⋮	⋮	⋮	⋮	⋮

经过 25 次迭代收敛，最后结果如表 5-4 所示。

表 5-4　L_1 法平差结果

	权因子 w	改正数 v/mm	平差结果 /mm
1	939862.82753	0.00000	1359.00000
2	0.00518	−192.99928	2016.00072
3	0.25000	−4.00000	359.00000
4	0.24991	4.00072	1016.00072
5	729.17769	0.00072	657.00072
6	0.50000	−2.00000	−359.00000

二、丹麦法

$$
w_i = \begin{cases} 1 & |v_i| \leqslant c \\ \exp(1 - (v_i/c)^2) & |v_i| > c \end{cases} \tag{5-4-8}
$$

式中 c 为常数。

例 5-3　题同例 5-1。

解：(1) 设所有观测值的权都为 1，加权平均得 $\hat{x} = 10.0125$。

(2) 求得中误差为 $\hat{\sigma} = 0.033320$。

(3) 分别求各观测值的改正数的绝对值 $|v_i|$ 。

(4) 根据 $w_i = \begin{cases} 1 & |v_i| \leqslant c \\ \exp(1-(v_i/c)^2) & |v_i| > c \end{cases}$ (c 是调和参数,需根据经验模型设定，这里取 $c = 1.5\hat{\sigma}$) 定权,得各观测值的一组新权因子:

$w_1 = 1.00, w_2 = 1.00, w_3 = 1.00, w_4 = 1.00$

$w_5 = 1.00, w_6 = 1.00, w_7 = 0.126834108, w_8 = 1.00$

(5) 使用新获得的权进行加权平均值 $\hat{x} = 10.0017796697$。

(6) 重复进行第(2) ～ (5) 步知道计算结果收敛为止。

各次运算的权和结果列于表 5-5。

表 5-5　丹麦法权和参数估计迭代计算

	w_1	w_2	w_3	w_4	w_5	w_6	w_7	w_8	x/m
1	1.00	1.00	1.00	1.00	1.00	1.00	1.00	1.00	10.0125
2	1.00	1.00	1.00	1.00	1.00	1.00	0.126834108	1.00	10.0017796697
3	1.00	1.00	1.00	1.00	1.00	1.00	0.057160837	1.00	10.0008099693
4	1.00	1.00	1.00	1.00	1.00	1.00	0.052944175	1.00	10.0007506677
5	1.00	1.00	1.00	1.00	1.00	1.00	0.052695354	1.00	10.0007471662
6	1.00	1.00	1.00	1.00	1.00	1.00	0.052680694	1.00	10.0007469599
7	1.00	1.00	1.00	1.00	1.00	1.00	0.052679830	1.00	10.0007469477
8	1.00	1.00	1.00	1.00	1.00	1.00	0.052679779	1.00	10.0007469470
9	1.00	1.00	1.00	1.00	1.00	1.00	0.052679776	1.00	10.0007469469

例 5-4　题同例 5-2。

解:第(1) ～ (4) 步同例 5-2。

(5) 根据 $w_i = \begin{cases} 1 & |v_i| \leqslant c \\ \exp(1-(v_i/c)^2) & |v_i| > c \end{cases}$ (取 $c = 1.5\hat{\sigma}$) 定权得各观测值的一组新权因子 w。

(6) 重复计算第(2) ～ (4) 步直到改正数收敛为止。

权结果列于表 5-6。

表 5-6　权因子迭代计算

	h_1		h_2		h_3		h_4		h_5		h_6	
	w_1	v_1	w_2	v_2	w_3	v_3	w_4	v_4	w_5	v_5	w_6	v_6
1	1.00	18.82	1.00	−105.83	1.00	14.82	1.00	91.17	1.00	68.35	1.00	−20.82
2	1.00	13.75	0.53	−130.09	1.00	9.75	0.81	66.91	0.81	49.16	1.00	−15.75
3	1.00	6.82	0.23	−163.26	1.00	2.82	1.00	33.74	0.93	22.92	1.00	−8.82
4	1.00	2.05	0.06	−186.09	1.00	−1.95	1.00	10.91	1.00	4.86	1.00	−4.05
⋮	⋮	⋮	⋮	⋮	⋮	⋮	⋮	⋮	⋮	⋮	⋮	⋮

经过 11 次迭代收敛，最后结果见表 5-7。

表 5-7 丹麦法平差结果

	权因子 w	改正数 v/mm	平差结果 /mm
1	1.00000	0.64551	1359.64551
2	0.01191	−192.81554	2016.18446
3	1.00000	−3.35449	359.64551
4	1.00000	4.18446	1016.18446
5	1.00000	−0.46105	656.53895
6	1.00000	−2.64551	−359.64551

三、Huber 函数法

$$\rho(u)=\begin{cases}\dfrac{1}{2}v^2 & |v|\leqslant C\\ k|v|-\dfrac{1}{2}v^2 & |v|>C\end{cases}\tag{5-4-9}$$

式中 k 为常数，可取 $k=2\sigma\sim3\sigma$，相应的权因子为

$$w_i=\begin{cases}1 & |v_i|\leqslant C\\ \dfrac{C}{|v_i|} & |v_i|>C\end{cases}\tag{5-4-10}$$

四、IGG 方案

IGG 方案是基于测量误差的有界性提出来的，它对测量抗差估计比较有效。其等价权因子取为

$$w_i=\begin{cases}1 & |u_i|<k_0\\ \dfrac{k_0}{|u_i|} & k_0\leqslant|u_i|<k_1\\ 0 & k_1\leqslant|u_i|\end{cases}$$

式中 $u_i=\dfrac{v_i}{\sigma}$，$k_0=1.5$，$k_1=2.5$（淘汰点）。

§5-5 相关观测的稳健估计方法

现代测量手段趋于向数据采集的自动化和快速化发展，其观测量及观测量的误差都具有一定的特殊性和复杂性。首先，大规模集成化的数据采集手段可同时获取大批量的多类观测数据，对这些数据需进行综合的数据处理和分析。这样的观测量之间大多存在着比较强的相关性，并且观测量中还同时包含了粗差、系统误差及偶然误差，其中粗差和系统误差成为影响最终平差精度的主要因素。在平差处理中，如何发现和区分相关粗差观测量，并消除其影响，是提高大规模整体平差成果精度的一个关键问题。统计学界对相关随机变量的抗差估计几乎没有什么讨论。在测绘界，针对测量数据处理的实际应用，最早杨元喜(1991) 在他的博士论文中对此作出了研究，提出基于相关等价权函数的抗差最小二乘法，2002 年又对等

价权函数进行了扩展，构造了双因子等价权模型。刘经南、姚宜斌(2000)提出了基于等价方差-协方差的稳健最小二乘法，并用于GPS网平差。这些研究扩充了统计学中稳健估计成果，为进一步理论研究和在测绘中应用打下了基础，详见文献[18]、[19]、[20]、[21]、[22]。

一、基于等价方差-协方差的稳健最小二乘估计

设平差的函数模型和随机模型仍为

$$\underset{n,1}{\boldsymbol{L}} = \underset{n,t}{\boldsymbol{B}}\,\underset{t,1}{\boldsymbol{X}} + \underset{n,1}{\boldsymbol{\Delta}} \qquad \boldsymbol{D} = \sigma_0^2\boldsymbol{Q} = \sigma_0^2\boldsymbol{P}^{-1} \tag{5-5-1}$$

设误差方程为

$$\boldsymbol{V} = \boldsymbol{B}\hat{\boldsymbol{X}} - \boldsymbol{l} \tag{5-5-2}$$

式中 $\boldsymbol{D}$ 为 $\boldsymbol{L}$ 的先验方差-协方差阵，因 $\boldsymbol{L}$ 中各 L_i 间相关，故 $\boldsymbol{D}$ 为非对角阵。

对于 $\boldsymbol{M}$ 估计而言，所构造的 ρ 函数应满足

$$\Omega = \sum_{i=1}^{n}\rho(\boldsymbol{X}, L_i) = \min(\text{极小})$$

顾及先验方差-协方差，ρ 函数应满足

$$\Omega = \sum_{i=1}^{n}\boldsymbol{D}^{-1}\rho(\boldsymbol{X}, L_i) = \min(\text{极小}) \tag{5-5-3}$$

对于多维 $\boldsymbol{M}$ 估计，其极值函数可表述为

$$\sum_{i=1}^{n}\sum_{j=1}^{n}D_{ij}^{-1}\rho(v_i, v_j) = \min \tag{5-5-4}$$

这里用的是方差-协方差阵的逆，是为了最小二乘求解的方便，符号 D_{ij}^{-1} 是指 $\boldsymbol{D}^{-1}$ 中第 i 行第 j 列元素。以下同。

对式(5-5-4)求导，并令其为零，同时记 $\varphi_i(v_i, v_j) = \dfrac{\partial}{\partial v_i}\rho(v_i, v_j)$，则有

$$\sum_{i=1}^{n}\sum_{j=1}^{n}D_{ij}^{-1}\varphi_i(v_i, v_j)b_i = 0 \tag{5-5-5}$$

注意上式中省略了对 v_j 的求导 $\varphi_j(v_i, v_j)$，主要是考虑到 ρ 对 $v_i(i = 1,2,\cdots,n)$ 与 ρ 对 $v_j(j = 1,2,\cdots,n)$ 求导形式完全相同，且 $D_{ij} = D_{ji}$，$D_{ij}^{-1} = D_{ji}^{-1}$，故式(5-5-5)中可省去 $\sum_{i=1}^{n}\sum_{j=1}^{n}D_{ij}^{-1}\varphi_j(v_i, v_j)b_j$。式(5-5-5)的矩阵表达式为

$$\boldsymbol{B}^{\mathrm{T}}\begin{bmatrix} D_{11}^{-1}\varphi_1(v_1, v_1)/v_1 & \cdots & D_{1n}^{-1}\varphi_1(v_1, v_n)/v_n \\ \vdots & \vdots & \vdots \\ D_{n1}^{-1}\varphi_n(v_n, v_1)/v_n & \cdots & D_{nn}^{-1}\varphi_n(v_n, v_n)/v_n \end{bmatrix}\begin{bmatrix} v_1 \\ v_2 \\ \vdots \\ v_n \end{bmatrix} = 0 \tag{5-5-6}$$

现直接定义 φ 函数，令 $\bar{D}_{ii}^{-1} = D_{ii}^{-1}\varphi_i(v_i, v_i)/v_i$，$\bar{D}_{ij}^{-1} = D_{ij}^{-1}\varphi_i(v_i, v_j)/v_j$，则上式可化为

$$\boldsymbol{B}^{\mathrm{T}}\bar{\boldsymbol{D}}^{-1}\boldsymbol{V} = 0$$

为计算的方便，上式两端乘以 $\boldsymbol{\sigma}_0^2$，则有

$$\boldsymbol{B}^{\mathrm{T}}(\sigma_0^2\bar{\boldsymbol{D}}^{-1})\boldsymbol{V} = 0$$

将误差方程代入即得法方程为

$$\boldsymbol{B}^{\mathrm{T}}(\sigma_0^2\bar{\boldsymbol{D}}^{-1})\boldsymbol{B}\hat{\boldsymbol{X}} = \boldsymbol{B}^{\mathrm{T}}(\sigma_0^2\bar{\boldsymbol{D}}^{-1})\boldsymbol{l} \tag{5-5-7}$$

上式具有最小二乘的一般形式，可用最小二乘法求解。

现在的问题是如何构造 $\rho(\varphi)$ 函数，得出 $\bar{\boldsymbol{D}}$ 中对角线元素 $\bar{D}_{ii}$ 和非对角线元素 $\bar{D}_{ij}$，也就是构造等价方差-协方差矩阵 $\bar{\boldsymbol{D}}$。

基于等价方差-协方差的稳健最小二乘估计的 $\bar{\boldsymbol{D}}$ 阵构造为

$$\left.\begin{aligned} \bar{D}_{ii} &= \begin{cases} D_{ii} & |\omega_i| < k_0 \\ \omega_i^2 D_{ii} & |\omega_i| \geqslant k_0 \end{cases} \\ \bar{D}_{ij} &= \rho_{ij}\sqrt{\bar{D}_{ii}\bar{D}_{jj}} \end{aligned}\right\} \tag{5-5-8}$$

$$(i = 1,2,\cdots,n; j = 1,2,\cdots,n)$$

式中 k_0 的取值范围为 1.5 ～ 3.0，相关系数

$$\rho_{ij} = \frac{D_{ij}}{\sqrt{D_{ii}D_{jj}}} \tag{5-5-9}$$

其构建的基本原理如下。

(1) 粗差归为随机模型，它表现为粗差观测量的先验方差 D_{ii} 与其实际方差 $\tilde{\sigma}_{ii}^2$ 之间有较大差异，此时可以通过扩大异常观测的方差来控制粗差的影响。

因为标准化残差

$$\omega_i = \frac{v_i}{\sigma_{v_i}} = \frac{v_i}{\sigma_0\sqrt{Q_{v_iv_i}}} \tag{5-5-10}$$

的大小在一定程度上可以作为是否存在粗差的判别量，所以当 $|\omega_i| < k_0$ 时，认为不存在粗差，此时取 $\bar{D}_{ii} = D_{ii}$。当存在粗差时，可将 w_i 作为粗差观测量方差的调整因子，若观测值 L_i 含有粗差，其调整后的方差为

$$\bar{D}_{ii} = \omega_i^2 D_{ii}$$

此时 $|\omega_i| > k_0$，扩大含粗差观测量的方差，等同于在平差中作降权处理。

(2) 两个观测量 L_i 和 L_j 的相关程度是用相关系数 ρ_{ij} 表示的，其相关性仅取决于观测量本身的几何物理结构，是不变量。因此，应充分利用观测量间的先验信息，取

$$\rho_{ij} = \frac{D_{ij}}{\sqrt{D_{ii}D_{jj}}}$$

在构造 $\bar{\boldsymbol{D}}$ 时，对 ρ_{ij} 不能随意改变，因此 $\bar{D}_{ij}$ 应为

$$\bar{D}_{ij} = \rho_{ij}\sqrt{\bar{D}_{ii}\bar{D}_{jj}}$$

以上就是构造 $\bar{\boldsymbol{D}}$ 阵的基本思想。

其计算的迭代过程如下：

(1) 列立误差方程，令各相关等价方差-协方差因子初值均为 1，即令 $w_1 = w_2 = \cdots = w_n = 1$，则 $\bar{D}^{(0)} = D$，D 为观测方差阵；

(2) 解算法方程(5-5-7)，得出参数 $\hat{\boldsymbol{X}}$ 和残差 $\boldsymbol{V}$ 的第一次估值：

$$\hat{\boldsymbol{X}}^{(1)} = (\boldsymbol{B}^{\mathrm{T}}(\sigma_0^2\bar{\boldsymbol{D}}^{-1})\boldsymbol{B})^{-1}\boldsymbol{B}^{\mathrm{T}}(\sigma_0^2\bar{\boldsymbol{D}}^{-1})\boldsymbol{l}$$

$$\boldsymbol{V}^{(1)} = \boldsymbol{B}\hat{\boldsymbol{X}}^{(1)} - \boldsymbol{l}$$

(3) 按式(5-5-10)计算标准化残差；

(4) 按式(5-5-8)新的等价方差-协方差阵，再解算法方程(5-5-7)，得出参数 $\hat{\boldsymbol{X}}$ 和残差 $\boldsymbol{V}$ 的第二次估值：

$$\hat{\boldsymbol{X}}^{(2)} = (\boldsymbol{B}^{\mathrm{T}}(\sigma_0^2\bar{\boldsymbol{D}}^{(1)^{-1}})\boldsymbol{B})^{-1}\boldsymbol{B}^{\mathrm{T}}(\sigma_0^2\bar{\boldsymbol{D}}^{(1)^{-1}})\boldsymbol{l}$$

$$\boldsymbol{V}^{(2)} = \boldsymbol{B}\hat{\boldsymbol{X}}^{(2)} - \boldsymbol{l}$$

(5) 由 $V^{(2)}$ 计算新的标准化残差，构造新的等价方差－协方差阵 $\bar{\boldsymbol{D}}^{(2)}$，再解算法方程，类似迭代计算，直至前后两次解的差值符合限差要求为止；

(6) 最后结果为

$$\hat{\boldsymbol{X}}^{(k)} = (\boldsymbol{B}^{\mathrm{T}}(\sigma_0^2\bar{\boldsymbol{D}}^{(k-1)^{-1}})\boldsymbol{B})^{-1}B^{\mathrm{T}}(\sigma_0^2\bar{\boldsymbol{D}}^{(k-1)^{-1}})\boldsymbol{l}$$

$$\boldsymbol{V}^{(k)} = \boldsymbol{B}\hat{\boldsymbol{X}}^{(k-1)} - \boldsymbol{l}$$

二、相关 ρ 函数和 φ 函数

对于等价方差－协方差函数模型(5-5-8)，其相关 φ 函数为

$$\varphi_i(v_i, v_i) = \begin{cases} v_i & |\omega_i| < k_0 \\ \dfrac{v_i}{\omega_i^2} & |\omega_i| \geqslant k_0 \end{cases} \tag{5-5-11}$$

$$\varphi_i(v_i, v_j) = \begin{cases} v_j & |\omega_i| < k_0 \quad |\omega_j| < k_0 \\ \dfrac{v_j}{\omega_i} & |\omega_i| \geqslant k_0 \quad |\omega_j| < k_0 \\ \dfrac{v_j}{\omega_j} & |\omega_i| < k_0 \quad |\omega_j| \geqslant k_0 \\ \dfrac{v_j}{(\omega_i\omega_j)} & |\omega_i| \geqslant k_0 \quad |\omega_j| \geqslant k_0 \end{cases} \tag{5-5-12}$$

式中 k_0 的取值范围为 $1.5 \sim 3.0$，而 $\omega_i = \dfrac{v_i}{\sigma_{v_i}}$，$\omega_j = \dfrac{v_j}{\sigma_{v_j}}$。

为讨论问题的方便，特定义相关等价方差－协方差因子 w 为 $w(r_i) = \dfrac{r_i}{\varphi(r_i)}$，则对于上述模型，其相关等价方差－协方差因子 w 为

$$w_i(v_i, v_i) = \begin{cases} 1 & |\omega_i| < k_0 \\ \omega_i^2 & |\omega_i| \geqslant k_0 \end{cases} \tag{5-5-13}$$

相关等价方差－协方差因子 w_i 的变化曲线见图 5-2。

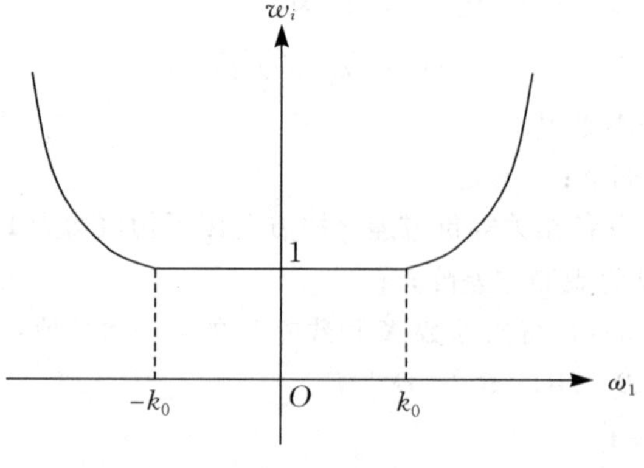

图　5-2

因在实用中，φ 函数常取成满足对称、连续、严凸或者在正半轴上非降的 ρ 函数的导函数，故等价方差－协方差函数模型的相关 ρ 函数可表述为

$$\rho_i(v_i, v_i) = \int \varphi_i(v_i, v_i) dv_i, = \bar{D}_{ii}^{-1} v_i^2 / (2D_{ii}^{-1}) \tag{5-5-14}$$

对应于上述等价方差－协方差函数模型，其相关 ρ 函数为

$$\rho_i(v_i, v_i) = \begin{cases} \dfrac{v_i^2}{2} & |\omega_i| < k_0 \\ \dfrac{v_i^2}{(2 \times \omega_i^2)} & |\omega_i| \geqslant k_0 \end{cases} \tag{5-5-15}$$

式中 k_0 的取值多在 1.5～3.0，而 $\omega_i = \dfrac{v_i}{\sigma_{v_i}}$。

三、双因子等价权模型

杨元喜(2002) 的双因子等价权模型为

$$\bar{p}_{ij} = p_{ij} \gamma_{ij} \tag{5-5-16}$$

式中：p_{ij} 为观测的相关权；$\gamma_{ij} = \sqrt{\gamma_{ii}\gamma_{jj}}$，$\gamma_{ii}$ 和 γ_{jj} 为自适应降权因子和收缩因子，γ_{ii} 可采用 Huber 函数，即

$$\gamma_{ii} = \begin{cases} 1 & |\tilde{v}_i| \leqslant c \\ \dfrac{c}{|\tilde{v}_i|} & |\tilde{v}_i| > c \end{cases} \tag{5-5-17}$$

式中：$\tilde{v}_i$ 为标准化残差；c 为常量，c 可取 1.0～1.5，γ_{jj} 和 γ_{ii} 相似。而 γ_{ii} 也可采用其他降权因子，如 Hampel 权函数等，详见文献[22]。

§5-6　相关稳健估计在 GPS 网平差中的应用

对于 GPS 网的基线处理，目前一般有两种处理模式：一种是采用网解模式，如采用 GAMIT 精密解算软件进行同步观测网解算；另外一种是单基线处理模式，如采用 GPS 随机软件进行基线处理。

在网解模式下，不仅同步网内基线的各分量之间存在相关性，而且基线与基线之间也存在相关性。如由 3 台 GPS 接收机组成同步观测网，见图 5-3。

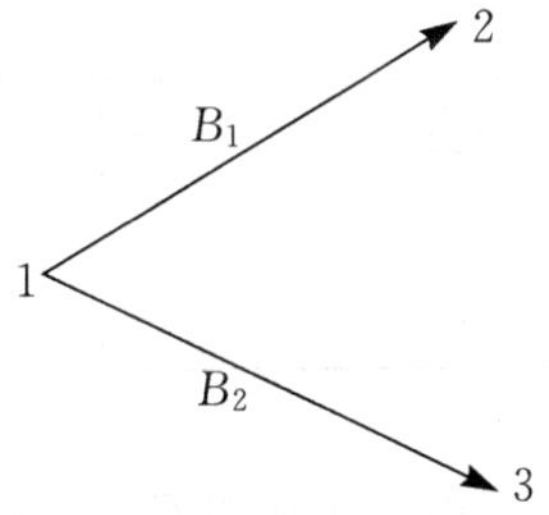

图　5-3

设独立基线向量为 $\boldsymbol{B}_1 = [\Delta X_{21} \ \Delta Y_{21} \ \Delta Z_{21}]^{\mathrm{T}}$，$\boldsymbol{B}_2 = [\Delta X_{31} \ \Delta Y_{31} \ \Delta Z_{31}]^{\mathrm{T}}$，采用 GAMIT 精密解算软件时，基线解的全协方差阵为

$$\boldsymbol{Q} = \begin{bmatrix} Q_{\Delta X_{21}\Delta X_{21}} & & & \text{对} & & \\ Q_{\Delta X_{21}\Delta Y_{21}} & Q_{\Delta Y_{21}\Delta Y_{21}} & & & \text{称} & \\ Q_{\Delta X_{21}\Delta Z_{21}} & Q_{\Delta Y_{21}\Delta Z_{21}} & Q_{\Delta Z_{21}\Delta Z_{21}} & & & \\ Q_{\Delta X_{21}\Delta X_{31}} & Q_{\Delta Y_{21}\Delta X_{31}} & Q_{\Delta Z_{21}\Delta X_{31}} & Q_{\Delta X_{31}\Delta X_{31}} & & \\ Q_{\Delta X_{21}\Delta Y_{31}} & Q_{\Delta Y_{21}\Delta Y_{31}} & Q_{\Delta Z_{21}\Delta Y_{31}} & Q_{\Delta X_{31}\Delta Y_{31}} & Q_{\Delta Y_{31}\Delta Y_{31}} & \\ Q_{\Delta X_{21}\Delta Z_{31}} & Q_{\Delta Y_{21}\Delta Z_{31}} & Q_{\Delta Z_{21}\Delta Z_{31}} & Q_{\Delta X_{31}\Delta Z_{31}} & Q_{\Delta Y_{31}\Delta Z_{31}} & Q_{\Delta Z_{31}\Delta Z_{31}} \end{bmatrix}$$

使用 GPS 商用软件解算时，基线的各分量之间是相关的，而基线与基线之间的相关性

不考虑。此时基线解的全协方差阵为

$$
\boldsymbol{Q}=\begin{bmatrix}
Q_{\Delta X_{21}\Delta X_{21}} & & & & & \\
Q_{\Delta X_{21}\Delta Y_{21}} & Q_{\Delta Y_{21}\Delta Y_{21}} & & \text{对} & & \\
Q_{\Delta X_{21}\Delta Z_{21}} & Q_{\Delta Y_{21}\Delta Z_{21}} & Q_{\Delta Z_{21}\Delta Z_{21}} & & \text{称} & \\
0 & 0 & 0 & Q_{\Delta X_{31}\Delta X_{31}} & & \\
0 & 0 & 0 & Q_{\Delta X_{31}\Delta Y_{31}} & Q_{\Delta Y_{31}\Delta Y_{31}} & \\
0 & 0 & 0 & Q_{\Delta X_{31}\Delta Z_{31}} & Q_{\Delta Y_{31}\Delta Z_{31}} & Q_{\Delta Z_{31}\Delta Z_{31}}
\end{bmatrix}
$$

而常规测量中，观测量的协方差阵多为对角线矩阵。观测量之间的这种相关性，使得粗差观测对其他观测量的影响作用增大，而且其隐蔽性也更强。GPS 网平差是以同步网的基线解（包括基线分量值及其全协方差阵）作为平差对象的，因此 GPS 网的粗差探测和处理时不能简单地当做独立观测量处理，必须考虑观测量之间的相关性。基于等价方差 - 协方差的相关稳健估计方法对于 GPS 网平差而言具有尤为重要的意义。

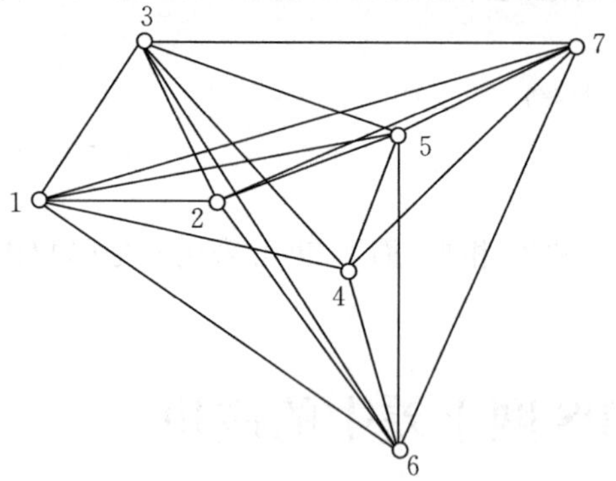

图 5-4

一个在已知点上实测的 GPS 网如图 5-4 所示，网中共有 7 个点。网中观测值是基线向量，分为 2 个同步子网。由于是在已知点上观测的，因而实际观测值的真误差是已知的。

此网已经过了多项粗差分析和检验，可以认为此网中不含粗差。为讨论问题的需要，现人为地加入 3 个粗差，考虑到实际情况中出现的都是一些小粗差，并为检验上文所用的粗差识别方法的有效性，这里所加的粗差都比较小，见表 5-8。

表 5-8　模拟粗差信息　　单位：m

序号	同步网	基线向量	基线分量	加入粗差量
1	1	1—3	ΔX	0.2
2	2	1—6	ΔY	0.2
3	1	1—7	ΔZ	0.2

由于所加粗差较小，这里不考虑因加粗差所造成的原始观测量方差 - 协方差的微小改变。对此网的数据处理，分别采用如下三种方案：

(1) 在加入粗差前，对此网进行经典最小二乘平差。

(2) 在加入粗差后，对此网进行经典最小二乘平差。

(3) 在加入粗差后，采用等价方差 - 协方差函数模型式(5-5-8)，并取 $k_0=2$，对此网应用基于等价方差 - 协方差的相关稳健估计方法进行平差。

平差时以 1 号点为固定点，其他的点当作未知点，分别采用三种方案进行三维平差，对三种方案所得到的观测值残差和坐标真误差进行比较。

(1) 观测值残差比较。由于是在已知点上设站观测，故观测值的真误差已知。观测值残差与观测值真误差的接近与否是衡量平差结果质量的依据之一。表 5-9 列出了观测值加上粗差后经典最小二乘平差法残差和基于等价方差 - 协方差的相关稳健估计法残差。不难看出，相对于经典最小二乘平差法残差，基于等价方差 - 协方差的相关稳健估计法残差更能准确反映出粗差的位置和大小。表 5-9 计算了两种方法残差与真误差之差的平方和，结果表明，基于等价方差 - 协方差的相关稳健估计法残差从整体上比经典最小二乘平差法残差更接近真误差。

表 5-9　经典最小二乘平差法残差和基于等价方差 - 协方差的相关稳健估计法残差比较 单位：m

同步网号	向量序号	向量端点 起点	向量端点 终点	真误差（含粗差） Δ_X	真误差（含粗差） Δ_Y	真误差（含粗差） Δ_Z	经典最小二乘平差法残差 V_X	经典最小二乘平差法残差 V_Y	经典最小二乘平差法残差 V_Z	基于等价方差 - 协方差的相关稳健估计法残差 V'_X	基于等价方差 - 协方差的相关稳健估计法残差 V'_Y	基于等价方差 - 协方差的相关稳健估计法残差 V'_Z
1	1	1	2	0.0852	−0.0611	−0.0428	0.0807	−0.0380	−0.0162	0.0814	−0.0415	−0.0198
	2	1	3	−0.1474	−0.0420	−0.0127	−0.1163	0.0232	0.0025	−0.1335	−0.0050	−0.0155
	3	1	4	−0.0507	0.0065	−0.0073	0.0057	−0.0203	−0.0099	0.0097	−0.0241	−0.0139
	4	1	5	−0.0052	−0.0394	−0.0172	0.0347	−0.0206	−0.0102	0.0372	−0.0176	−0.0118
	5	1	6	−0.0206	−0.0492	−0.0609	0.0375	0.0208	−0.0148	0.0368	−0.0152	−0.0111
	6	1	7	−0.0140	−0.0730	−0.2520	0.0511	−0.0094	−0.1498	0.0554	−0.0118	−0.2048
2	7	1	2	−0.0067	−0.0090	−0.0182	−0.0112	0.0141	0.0084	−0.0105	0.0106	0.0048
	8	1	3	−0.0208	−0.0498	0.0048	0.0103	0.0154	0.0200	−0.0069	−0.0128	0.0020
	9	1	4	−0.0551	0.1017	0.0399	0.0013	0.0749	0.0373	0.0053	0.0711	0.0333
	10	1	5	−0.0430	−0.0039	0.0064	−0.0031	0.0149	0.0134	−0.0006	0.0179	0.0118
	11	1	6	−0.0582	−0.2274	−0.0397	−0.0001	−0.1574	0.0064	−0.0008	−0.1934	0.0101
	12	1	7	−0.0731	−0.0552	−0.0443	−0.0080	0.0084	0.0579	−0.0037	0.0060	0.0029
残差与真误差之差的平方和				$\sum_{i=1}^{36}(\Delta_i - V_i)^2 = 0.0835$						$\sum_{i=1}^{36}(\Delta_i - V'_i)^2 = 0.0543$		

(2) 坐标真误差比较。表 5-10 给出了各种平差方法坐标平差值的真误差。由表 5-10 知，对含粗差的观测值，基于等价方差 - 协方差的相关稳健估计法的坐标平差值比经典最小二乘平差法的坐标平差值更接近坐标的真值，基于等价方差 - 协方差的相关稳健估计法具有明显的抗差能力。另外可知，基于等价方差 - 协方差的相关稳健估计法的坐标平差值真误差的平方和小于经典最小二乘平差法的坐标平差值真误差的平方和。这说明基于等价方差 - 协方差的相关稳健估计法的坐标平差值从整体上比经典最小二乘平差法的坐标平差值更接近真值。

表 5-10　各种坐标平差值的真误差比较 单位：m

点号	加粗差前经典最小二乘平差法 Δ_X	加粗差前经典最小二乘平差法 Δ_Y	加粗差前经典最小二乘平差法 Δ_Z	加粗差后经典最小二乘平差法 Δ_X	加粗差后经典最小二乘平差法 Δ_Y	加粗差后经典最小二乘平差法 Δ_Z	加粗差后基于等价方差 - 协方差的相关稳健估计法 Δ_X	加粗差后基于等价方差 - 协方差的相关稳健估计法 Δ_Y	加粗差后基于等价方差 - 协方差的相关稳健估计法 Δ_Z
2	0.0028	−0.0200	−0.0234	0.0043	−0.0234	−0.0268	0.0036	−0.0199	−0.0232
3	−0.0114	−0.0282	0.0041	−0.0313	−0.0655	−0.0154	−0.0141	−0.0373	0.0026
4	−0.0618	0.0293	0.0060	−0.0566	0.0265	0.0024	−0.0606	0.0303	0.0064
5	−0.0439	−0.0227	−0.0060	−0.0401	−0.0191	−0.0072	−0.0426	−0.0221	−0.0056
6	−0.0575	−0.0368	−0.0503	−0.0583	−0.0703	−0.0463	−0.0576	−0.0343	−0.0500
7	−0.0692	−0.0567	−0.0442	−0.0653	−0.0639	−0.1024	−0.0696	−0.0615	−0.0474
真误差平方和	0.0262			0.0420			0.0274		

第六章　非线性模型平差

§6-1　问题的提出

经典平差是基于线性模型的平差方法。然而在现实世界中，严格的线性模型并不多见。测量上大量的数学模型也是非线性模型。传统的线性模型平差中的很多理论在非线性模型平差中就不一定适用；线性模型平差中的很多结论在非线性模型平差中就不一定成立；线性模型平差中的很多优良统计性质在非线性模型平差中就不一定存在。例如，在线性模型平差中，当随机误差服从正态分布时，未知参数 $\boldsymbol{X}$ 的最小二乘估计 $\hat{\boldsymbol{X}}_{LS}$ 具有一致无偏性和方差最小性。但在非线性模型平差中，即使随机误差严格服从正态分布，未知参数 $\boldsymbol{X}$ 的非线性最小二乘估计 $\hat{\boldsymbol{X}}_{NLS}$ 也是有偏的，其方差一般都不能达到最小值。

对于测量中大量的非线性模型，在经典平差中总是进行线性近似（经典的测量平差中称之为线性化），即将其展开为泰勒级数，并取至一次项，略去二次以上各项。如此线性近似，必然会引起模型误差。过去由于测量精度不高，线性近似所引起的模型误差往往小于观测误差，故可忽略不计。随着科学技术的不断发展，现在的观测精度已大大提高，致使因线性近似所产生的模型误差与观测误差相当，有些甚至还会大于观测误差。例如，GPS 载波相位观测值的精度很高，其观测误差往往小于因线性近似所产生的模型误差。因此，用近似的理论、模型、方法去处理具有很高精度的观测结果，从而导致精度的损失，这显然是不合理的。现代科学技术要求估计结果的精度尽可能高。这样，传统线性近似的方法就不一定能满足当今科学技术的要求。另外，有些非线性模型对参数的近似值十分敏感，若近似值精度较差，则线性化会产生较大的模型误差。由于线性近似后，没有顾及因线性近似所引起的模型误差，而用线性模型的精度评定理论去评定估计结果的精度，从而得到一些虚假的优良统计性质，人为地拔高了估计结果的精度。

鉴于上述各种原因，对非线性模型平差进行深入的研究是很有必要的。非线性模型的平差和精度估计以及相应的误差理论研究也是当前国内外测绘界研究的前沿课题之一。

§6-2　非线性模型平差原理

一、非线性误差方程

测量中大量的观测方程是非线性方程，如导线测量中，以待定点坐标为未知参数的角度观测方程和边长观测方程分别为

$$\left.\begin{aligned} \beta_i &= \arctan\frac{y_k - y_j}{x_k - x_j} - \arctan\frac{y_h - y_j}{x_h - x_j} + \Delta_{\beta_i} \\ s_i &= \sqrt{(x_h - x_j)^2 + (y_h - y_j)^2} + \Delta_{s_i} \end{aligned}\right\} \qquad (6\text{-}2\text{-}1)$$

式中：x_i, y_i 为待定点坐标的真值；Δ_{β_i} 和 Δ_{S_i} 分别为角度观测值 β_i 和边长观测值 S_i 的真误差。

角度观测值和边长观测值的观测方程式(6-2-1)是待定点坐标真值(x_i, y_i)的非线性函数。又如在GPS伪距测量中,第 j 颗卫星至测站 k 的几何距离的观测方程为

$$\rho_k^j = \sqrt{(x_k - x^j)^2 + (y_k - y^j)^2 + (z_k - z^j)^2} + c\delta t + \Delta_k^j$$

也是测站点 k 的待定坐标真值(x_k, y_k, z_k)的非线性函数。一般地,用 L 表示 $n\times 1$ 的观测向量,用 $\boldsymbol{X}$ 表示 $t\times 1$ 的未知参数向量的真值,用 $\boldsymbol{\Delta}$ 表示 $n\times 1$ 的真误差向量,则非线性观测方程可写为

$$\boldsymbol{L} = f(\boldsymbol{X}) + \boldsymbol{\Delta} \tag{6-2-2}$$

式中:$f(\boldsymbol{X}) = (f_1(\boldsymbol{X}) f_2(\boldsymbol{X}) \cdots f_n(\boldsymbol{X}))^{\mathrm{T}}$,是由 n 个 $\boldsymbol{X}$ 的非线性函数组成的 $n\times 1$ 的向量。式(6-2-2)就是我们所要讨论的一般的非线性模型。

在一般的非线性模型式(6-2-2)中,用未知参数向量和真误差向量的估计值代替其真值,得非线性误差方程

$$\boldsymbol{V} = f(\hat{\boldsymbol{X}}) - \boldsymbol{L} \tag{6-2-3}$$

式中:$\boldsymbol{V}$ 为观测值的改正数向量(残差向量);$\hat{\boldsymbol{X}}$ 为参数向量的估值。

二、非线性模型平差

由非线性误差方程式(6-2-3)知,其中仅有 n 个方程,而有 $n+t$ 个未知数(n 个观测值的改正数和 t 个参数),因此非线性误差方程式(6-2-3)是非线性不定方程组,有无穷组解。在这无穷组解中,必然有一组解能使

$$\boldsymbol{V}^{\mathrm{T}}\boldsymbol{PV} = (f(\hat{\boldsymbol{X}}) - \boldsymbol{L})^{\mathrm{T}}\boldsymbol{P}(f(\hat{\boldsymbol{X}}) - \boldsymbol{L}) = \min \tag{6-2-4}$$

我们将满足式(6-2-4)的一组解作为最优解,并称式(6-2-4)所确定的 $\hat{\boldsymbol{X}}$ 为 $\boldsymbol{X}$ 的一个非线性最小二乘估计。本书中将求解非线性最小二乘估计的过程称为非线性模型平差。

可见,非线性模型平差与线性模型平差是完全一致的。式(6-2-4)的几何意义就是观测空间至解空间的距离最短,或者说 $f(\hat{\boldsymbol{X}})$ 是解轨迹 π 上离观测值 $\boldsymbol{L}$ 最近的点(见图6-1)。$\boldsymbol{L}$ 到 π 的距离就是 $\| V \|$。

在非线性模型式(6-2-3)中,若 $f(\hat{\boldsymbol{X}})$ 存在一阶连续偏导数,且 X 的非线性最小二乘估计量 $\hat{\boldsymbol{X}}$ 存在,则残差向量 $\boldsymbol{V}$ 在 $\hat{\boldsymbol{X}}$ 处垂直于切空间 T(见图6-1)。

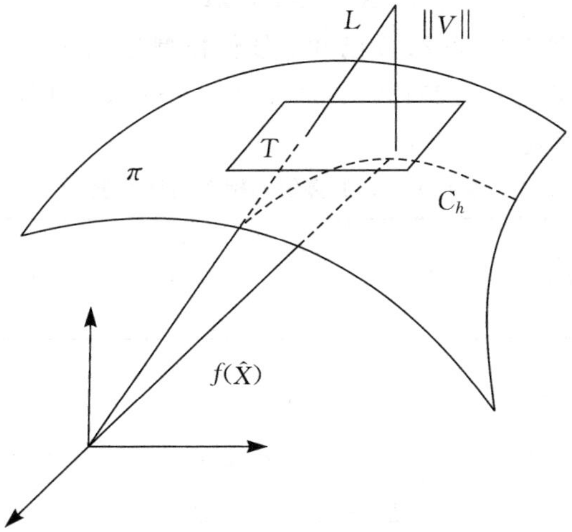

图 6-1

§6-3 非线性模型平差的算法

一、非线性最小二乘估计的近似解

当非线性模型式(6-2-3)的非线性强度较弱时,可以将非线性模型在 X_0 处线性近似,并用线性模型的求解理论和方法来近似地求解非线性模型式(6-2-3)。这也就是我们大家所熟悉的传统方法——线性化方法,即将非线性模型式(6-2-3)在 X_0 处用泰勒级数展开,取至一次项,得

$$\boldsymbol{V}=\left.\frac{\partial f(X)}{\partial X}\right|_{X=X_0}\delta\hat{\boldsymbol{X}}-(\boldsymbol{L}-f(X_0)) \tag{6-3-1}$$

令

$$\boldsymbol{B}=\begin{pmatrix} \left.\frac{\partial f_1(X)}{\partial x_1}\right|_{X=X_0} & \left.\frac{\partial f_1(X)}{\partial x_2}\right|_{X=X_0} & \cdots & \left.\frac{\partial f_1(X)}{\partial x_t}\right|_{X=X_0} \\ \left.\frac{\partial f_2(X)}{\partial x_1}\right|_{X=X_0} & \left.\frac{\partial f_2(X)}{\partial x_2}\right|_{X=X_0} & \cdots & \left.\frac{\partial f_2(X)}{\partial x_t}\right|_{X=X_0} \\ \vdots & \vdots & \vdots & \vdots \\ \left.\frac{\partial f_n(X)}{\partial x_1}\right|_{X=X_0} & \left.\frac{\partial f_n(X)}{\partial x_2}\right|_{X=X_0} & \cdots & \left.\frac{\partial f_n(X)}{\partial x_t}\right|_{X=X_0} \end{pmatrix} \tag{6-3-2}$$

$$\boldsymbol{l}=\boldsymbol{L}-f(\boldsymbol{X}_0) \tag{6-3-3}$$

则式(6-3-1)可写为

$$\boldsymbol{V}=\boldsymbol{B}\delta\hat{\boldsymbol{X}}-\boldsymbol{l} \tag{6-3-4}$$

式(6-3-4)就是我们熟悉的间接平差的误差方程。

由间接平差知,根据最小二乘原理可解得

$$\delta\hat{\boldsymbol{X}}=(\boldsymbol{B}^{\mathrm{T}}\boldsymbol{P}\boldsymbol{B})^{-1}\boldsymbol{B}^{\mathrm{T}}\boldsymbol{P}\boldsymbol{l} \tag{6-3-5}$$

于是参数 $\boldsymbol{X}$ 的非线性平差结果为

$$\hat{\boldsymbol{X}}=\boldsymbol{X}_0+\delta\boldsymbol{X} \tag{6-3-6}$$

例 6-1 (本例取自参考文献[24])已知非线性模型为 $L_i=x_1e^{ix_2}$。其中参数 x_1 和 x_2 的真值为 $\boldsymbol{X}=(5.420136187\quad -0.25436189)^{\mathrm{T}}$。$L_i$ 的5个真值(用参数的真值 $\boldsymbol{X}$ 算得)和相应的5个同精度独立观测值列于表6-1。

表 6-1 L_i 的真值和相应的观测值

i	1	2	3	4	5
真值	4.202834	3.258924	2.527006	1.959469	1.519394
观测值	4.20	3.25	2.52	1.95	1.51

观测方程为

$$L_1=x_1\mathrm{e}^{x_2}+\Delta_1$$
$$L_2=x_1\mathrm{e}^{2x_2}+\Delta_2$$
$$L_3=x_1\mathrm{e}^{3x_2}+\Delta_3$$

$$L_4 = x_1 e^{4x_2} + \Delta_4$$

$$L_5 = x_1 e^{5x_2} + \Delta_5$$

取参数 $\boldsymbol{X}$ 的近似值为 $\boldsymbol{X}_0 = (x_{01} \quad x_{02})^{\mathrm{T}} = (5.4 \quad -0.3)^{\mathrm{T}}$。将观测方程在 X_0 处线性近似，得误差方程

$$\boldsymbol{V} = \boldsymbol{B}\delta\boldsymbol{X} + \boldsymbol{l} = \begin{pmatrix} 0.7408 & 4.0004 \\ 0.5488 & 5.9272 \\ 0.4066 & 6.5864 \\ 0.3012 & 6.5058 \\ 0.2231 & 6.0245 \end{pmatrix} \begin{pmatrix} \delta x_1 \\ \delta x_2 \end{pmatrix} - \begin{pmatrix} 0.1996 \\ 0.2864 \\ 0.3245 \\ 0.3236 \\ 0.3051 \end{pmatrix}$$

由式(6-3-5)得

$$\delta X = \begin{pmatrix} -0.005858021 \\ 0.049953787 \end{pmatrix}$$

于是，由式(6-3-6)得参数 $\boldsymbol{X}$ 的平差值为

$$\hat{\boldsymbol{X}} = \boldsymbol{X}_0 + \delta\boldsymbol{X} = \begin{pmatrix} 5.394141979 \\ -0.250246213 \end{pmatrix}$$

参数估值 $\hat{\boldsymbol{X}}$ 的真误差为

$$\Delta\boldsymbol{X} = \hat{\boldsymbol{X}} - \boldsymbol{X} = \begin{pmatrix} -0.025994200 \\ 0.004315680 \end{pmatrix}$$

其范数为 $\| \Delta X \| = \sqrt{\Delta x_1^2 + \Delta x_2^2} = 0.02631801$

二、非线性最小二乘平差的迭代解

当非线性模型的非线性强度很强时，线性近似可能产生大于观测误差的模型误差，所以对于非线性模型，一般采用迭代的方法求解。

求解非线性误差方程式(6-2-3)的最小二乘平差值，就是求参数 $\boldsymbol{X}$ 的估值 $\hat{\boldsymbol{X}}$，使

$$\begin{aligned} \boldsymbol{V}^{\mathrm{T}}\boldsymbol{P}\boldsymbol{V}(\hat{\boldsymbol{X}}) &= (f(\hat{\boldsymbol{X}}) - \boldsymbol{L})^{\mathrm{T}}\boldsymbol{P}(f(\hat{\boldsymbol{X}}) - \boldsymbol{L}) = \\ &f^{\mathrm{T}}(\hat{\boldsymbol{X}})\boldsymbol{P}f(\hat{\boldsymbol{X}}) - 2f^{\mathrm{T}}(\hat{\boldsymbol{X}})\boldsymbol{P}\boldsymbol{L} + \boldsymbol{L}^{\mathrm{T}}\boldsymbol{P}\boldsymbol{L} = \min \end{aligned} \tag{6-3-7}$$

由于 $\boldsymbol{L}^{\mathrm{T}}\boldsymbol{P}\boldsymbol{L}$ 是一常量，所以式(6-3-7)等价于目标函数为

$$R(\hat{\boldsymbol{X}}) = f^{\mathrm{T}}(\hat{\boldsymbol{X}})\boldsymbol{P}f(\hat{\boldsymbol{X}}) - 2f^{\mathrm{T}}(\hat{\boldsymbol{X}})\boldsymbol{P}\boldsymbol{L} = \min \tag{6-3-8}$$

的非线性无约束最优化问题。

因为 $f(\hat{\boldsymbol{X}})$ 是 $\hat{\boldsymbol{X}}$ 的非线性函数，所以对式(6-3-8)求一阶偏导数，并令其为零，得不到 $\hat{\boldsymbol{X}}$ 的显表达式，故求不出 $\hat{\boldsymbol{X}}$ 的解析解。因此，我们只能设法寻找某一近似解 $\boldsymbol{X}^*$，使

$$R(\boldsymbol{X}^*) \leqslant R(\hat{\boldsymbol{X}}) \tag{6-3-9}$$

成立。寻找使式(6-3-9)成立的近似解 $\boldsymbol{X}^*$，一般只有采用迭代的方法。为此，下面介绍几种常用的迭代方法。

1. 牛顿法

设 $R(\hat{\boldsymbol{X}})$ 的极小值 $\boldsymbol{X}^*$ 的一个近似值为 $\boldsymbol{X}^{(k)}$，在 $\boldsymbol{X}^{(k)}$ 附近将 $R(\boldsymbol{X}^*)$ 展为泰勒级数，取至二次项得

$$R(\boldsymbol{X}^*) = R(\boldsymbol{X}^{(K)} + \mathrm{d}\boldsymbol{X}^{(K)}) =$$

$$R(\boldsymbol{X}^{(K)})+g^{(k)}\mathrm{d}\boldsymbol{X}^{(k)}+\frac{1}{2}(\mathrm{d}\boldsymbol{X}^{(k)})^{\mathrm{T}}\boldsymbol{G}_k\mathrm{d}\boldsymbol{X}^{(k)}=\min \tag{6-3-10}$$

式中

$$\boldsymbol{g}^{(k)}=(g_1^{(k)} \quad g_2^{(k)} \quad \cdots \quad g_t^{(k)})=\left(\frac{\partial R}{\partial x_1} \quad \frac{\partial R}{\partial x_2} \quad \cdots \quad \frac{\partial R}{\partial x_t}\right)\Bigg|_{X=X^{(k)}} \tag{6-3-11}$$

$$\boldsymbol{G}_k=\begin{pmatrix} \frac{\partial^2 R}{\partial x_1^2} & \frac{\partial^2 R}{\partial x_1\partial x_2} & \cdots & \frac{\partial^2 R}{\partial x_1\partial x_t} \\ \frac{\partial^2 R}{\partial x_2\partial x_1} & \frac{\partial^2 R}{\partial x_2^2} & \cdots & \frac{\partial^2 R}{\partial x_2\partial x_t} \\ \vdots & \vdots & \vdots & \vdots \\ \frac{\partial^2 R}{\partial x_t\partial x_1} & \frac{\partial^2 R}{\partial x_t\partial x_2} & \cdots & \frac{\partial^2 R}{\partial x_t^2} \end{pmatrix}_{X=X^{(k)}}=G_k^{\mathrm{T}} \tag{6-3-12}$$

$\boldsymbol{G}_k$ 称为 $\boldsymbol{X}^{(k)}$ 处的 Hessian 矩阵。

$$\mathrm{d}\boldsymbol{X}^{(k)}=\boldsymbol{X}^*-\boldsymbol{X}^{(k)} \tag{6-3-13}$$

$\boldsymbol{g}^{(k)}$ 是 $R(\hat{\boldsymbol{X}})$ 在 $\boldsymbol{X}^{(k)}$ 处的梯度方向。

由于 $\boldsymbol{X}^{(k)}$ 是 $\boldsymbol{X}^*$ 的一个已知的近似值，故式(6-3-10) 只是 $\mathrm{d}\boldsymbol{X}^{(k)}$ 的函数，为了求得使式(6-3-10) 成立的 $\mathrm{d}\boldsymbol{X}^{(k)}$，将式(6-3-10) 对 $\mathrm{d}\boldsymbol{X}^{(k)}$ 求偏导，并令其为零，得

$$\boldsymbol{g}^{(k)}+(\mathrm{d}\boldsymbol{X}^{(k)})^{\mathrm{T}}\boldsymbol{G}_k=0$$

移项后两边转置，顾及式(6-3-12)，得

$$\boldsymbol{G}_k\mathrm{d}\boldsymbol{X}^{(k)}=-(\boldsymbol{g}^{(k)})^{\mathrm{T}} \tag{6-3-14}$$

当 $\boldsymbol{G}_k$ 非奇异时，由式(6-3-14) 可解得使式(6-3-10) 成立的 $\mathrm{d}\boldsymbol{X}^{(k)}$，即

$$\mathrm{d}\boldsymbol{X}^{(k)}=-\boldsymbol{G}_k^{-1}(\boldsymbol{g}^{(k)})^{\mathrm{T}} \tag{6-3-15}$$

当 $\mathrm{d}\boldsymbol{X}^{(k)}$ 充分小时，$\mathrm{d}\boldsymbol{X}^{(k)}$ 能使式(6-3-10) 成立。但由于 X^* 未知，故 $\mathrm{d}\boldsymbol{X}^{(k)}$ 不能充分小，需不断迭代，直至 $\mathrm{d}X^{(k)}$ 充分小，其迭代公式为

$$\begin{aligned}\boldsymbol{X}^{(k+1)}&=\boldsymbol{X}^{(k)}+\mathrm{d}\boldsymbol{X}^{(k)}\\&=\boldsymbol{X}^{(k)}-\boldsymbol{G}_k^{-1}(\boldsymbol{g}^{(k)})^{\mathrm{T}}\end{aligned} \tag{6-3-16}$$

式(6-3-16) 就是牛顿迭代的基本公式，迭代终止条件为

$$R(\boldsymbol{X}^{(k+1)})=R(\boldsymbol{X}^{(k)}) \tag{6-3-17}$$

或

$$\boldsymbol{g}^{(k)}=0 \tag{6-3-18}$$

由于 $R(\boldsymbol{X}^{(k)})$ 是一个绝对值较大的数，而 $\boldsymbol{g}^{(k)}$ 的各元素的绝对值都很小，因此，由于计算机有效数字的限制，以式(6-3-17) 作为迭代收敛条件比式(6-3-18) 作为迭代收敛条件收敛要快一些。

牛顿法的迭代步骤为

(1) 选取初值 $\boldsymbol{X}^{(0)}$，并令 $k=0$；

(2) 按式(6-3-11) 计算梯度方向 $\boldsymbol{g}^{(k)}$，若 $\boldsymbol{g}^{(k)}=0$ 则转至(7)；

(3) 计算 Hessian 矩阵 $\boldsymbol{G}_k$；

(4) 解线性方程组式(6-3-14)，得 $\mathrm{d}\boldsymbol{X}^{(k)}$；

(5) 按式(6-3-16) 计算新的近似值 $\boldsymbol{X}^{(k+1)}$；

(6) 计算目标函数值 $R(\boldsymbol{X}^{(k+1)})$，若 $R(\boldsymbol{X}^{(k+1)})\neq R(\boldsymbol{X}^{(k)})$ 则转至(2) 继续迭代；

(7) 终止迭代，输出 $\boldsymbol{X}^{(k+1)}$ 和 $R(\boldsymbol{X}^{(k+1)})$，结束。

例 6-2 在例 6-1 中，仍设 $\boldsymbol{X}^{(0)}=(x_1^{(0)}\quad x_2^{(0)})^{\mathrm{T}}=(5.4\quad -0.3)^{\mathrm{T}}$，用牛顿法求例 6-1 中非线性模型的非线性最小二乘平差值。

解：由例 6-1 知 $\boldsymbol{P}=\boldsymbol{I}$，故目标函数为

$$R(\hat{\boldsymbol{X}})=f^{\mathrm{T}}(\hat{\boldsymbol{X}})f(\hat{\boldsymbol{X}})-2f^{\mathrm{T}}(\hat{\boldsymbol{X}})\boldsymbol{L}$$

$$=\hat{x}_1^2\sum_{i=1}^{5}\mathrm{e}^{2i\hat{x}_2}-2\hat{x}_1\sum_{i=1}^{5}L_i\mathrm{e}^{i\hat{x}_2}$$

$$\boldsymbol{g}=\begin{pmatrix}\dfrac{\partial R}{\partial\hat{x}_1}\\[2mm]\dfrac{\partial R}{\partial\hat{x}_2}\end{pmatrix}=\begin{pmatrix}2(\hat{x}_1\sum\limits_{i=1}^{5}\mathrm{e}^{2i\hat{x}_2}-\sum\limits_{i=1}^{5}L_i\mathrm{e}^{i\hat{x}_2})\\[2mm]2\hat{x}_1(\hat{x}_1\sum\limits_{i=1}^{5}i\mathrm{e}^{2i\hat{x}_2}-\sum\limits_{i=1}^{5}iL_i\mathrm{e}^{i\hat{x}_2})\end{pmatrix}$$

$$\boldsymbol{G}_k=\begin{pmatrix}\dfrac{\partial^2R}{\partial\hat{x}_1^2}&\dfrac{\partial^2R}{\partial\hat{x}_1\partial\hat{x}_2}\\[2mm]\dfrac{\partial^2R}{\partial\hat{x}_2\partial\hat{x}_1}&\dfrac{\partial^2R}{\partial\hat{x}_2^2}\end{pmatrix}$$

$$=\begin{pmatrix}2\sum\limits_{i=1}^{5}\mathrm{e}^{2i\hat{x}_2}&2(2\hat{x}_1\sum\limits_{i=1}^{5}L_i\mathrm{e}^{i\hat{x}_2}-\sum\limits_{i=1}^{5}iL_i\mathrm{e}^{i\hat{x}_2})\\[2mm]2(2\hat{x}_1\sum\limits_{i=1}^{5}i\mathrm{e}^{2i\hat{x}_2}-\sum\limits_{i=1}^{5}iL_i\mathrm{e}^{i\hat{x}_2})&2\hat{x}_1(2\hat{x}_1\sum\limits_{i=1}^{5}i\mathrm{e}^{2i\hat{x}_2}-\sum\limits_{i=1}^{5}i^2L_i\mathrm{e}^{i\hat{x}_2})\end{pmatrix}$$

将 $\boldsymbol{X}^{(0)}$ 代入计算 $\boldsymbol{g}^{(0)}$，$\boldsymbol{G}_0$ 后，按以上迭代程序迭代，结果列于表 6-2。

表 6-2 牛顿法迭代计算

k		1	2	3
$g^{(k)}$	$g_1^{(k)}$	−1.205024908	0.3991833382	0.02889398018
	$g_2^{(k)}$	−17.1530503	7.037242713	0.4948407424
$X^{(k)}$	$x_1^{(k)}$	5.333013265	5.41719809	5.422708003
	$x_2^{(k)}$	−0.2539145225	−0.2542573375	−0.2556634078
$R(X^{(k)})$		−40.21054702	−40.58524686	−40.63522342
k		4	5	6
$g^{(k)}$	$g_1^{(k)}$	0.0001691624122	-3.9492×10^{-9}	-2.4012×10^{-9}
	$g_2^{(k)}$	0.002938012264	2.4039×10^{-7}	-1.5569×10^{-7}
$X^{(k)}$	$x_1^{(k)}$	5.442744565	5.422744593	5.422744582
	$x_2^{(k)}$	−0.2556720853	−0.2556720877	−0.2556720866
$R(X^{(k)})$		−40.63549278	−40.63549281	−40.63549281

迭代 6 次后，有 $R(X^{(6)})=R(X^{(5)})=-40.63549281$，所以停止迭代，得 $\boldsymbol{X}$ 的非线性最小二乘解为

$$\boldsymbol{X}^*=\begin{pmatrix}5.422744582\\-0.255672087\end{pmatrix}$$

则

$$\Delta\boldsymbol{X}=\boldsymbol{X}^*-\boldsymbol{X}=\begin{pmatrix}+0.002608395\\-0.001310197\end{pmatrix}$$

$$\|\Delta X\| = \sqrt{\Delta x_1^2 + \Delta x_2^2} = 0.0029$$

由例 6-1 知，本迭代解与其真值的距离比线性近似解与其真值的距离要小一个数量级。

当初值取 $\boldsymbol{X}^{(0)} = (5.4 \quad -0.5)^{\mathrm{T}}$ 时，迭代发散，这说明牛顿法对初值很敏感。

2. 信赖域法

牛顿法具有很快的收敛速度，但它总是局部收敛的。因为牛顿法的基本思想是用二次函数

$$Q(\boldsymbol{X}^{(k)}) = R(\boldsymbol{X}^{(k)}) + \boldsymbol{g}^{(k)}\mathrm{d}\boldsymbol{X} + \frac{1}{2}(\mathrm{d}\boldsymbol{X}^{(k)})^{\mathrm{T}}\boldsymbol{G}_k\mathrm{d}\boldsymbol{X}^{(k)}$$

去逼近 $R(\boldsymbol{X}^*)$。只有当 $\mathrm{d}\boldsymbol{X}^{(k)}$ 充分小时，$Q(\boldsymbol{X}^{(k)})$ 才能很好地逼近 $R(\boldsymbol{X}^{(k)})$。

既然只有当 $\mathrm{d}\boldsymbol{X}^{(k)}$ 充分小时，$Q(\boldsymbol{X}^{(k)})$ 才能逼近 $R(\boldsymbol{X}^{(k)})$，那么可以对 $\mathrm{d}\boldsymbol{X}$ 加以限制，然后在限制条件下来寻求 $R(\boldsymbol{X}^*)$ 的极小值。这个思想相当于求解下列约束最优化问题。

目标函数：

$$Q(\boldsymbol{X}^{(k+1)}) = R(\boldsymbol{X}^{(K)} + \boldsymbol{g}^{(k)}\mathrm{d}\boldsymbol{X}^{(k)} + \frac{1}{2}(\mathrm{d}\boldsymbol{X}^{\mathrm{T}})^{(K)}\boldsymbol{G}_k\mathrm{d}\boldsymbol{X}^{(k)} = \min \qquad (6\text{-}3\text{-}19)$$

约束条件：

$$\|\mathrm{d}\boldsymbol{X}^{(k)}\| \leqslant h_k$$

式中：h_k 为一正数，它随迭代而变化。

约束条件 $\|\mathrm{d}\boldsymbol{X}^{(k)}\| \leqslant h_k$ 限制了 $\mathrm{d}\boldsymbol{X}^{(k)}$，使 $\mathrm{d}\boldsymbol{X}^{(k)}$ 的长度不大于 h_k，这样 $\|\mathrm{d}\boldsymbol{X}^{(k)}\|$ 总在一个给定的小区域中活动。这个区域是可信赖的，所以称该方法为信赖域法。

常数 h_k 取决于 $Q(\boldsymbol{X}^{(k+1)})$ 对 $R(\boldsymbol{X}^{(k+1)})$ 的逼近程度。这个逼近程度可用下式来描述

$$r_k = \frac{R(\boldsymbol{X}^{(k+1)})}{Q(\boldsymbol{X}^{(k+1)})} \qquad (6\text{-}3\text{-}20)$$

r_k 越接近于 1，$Q(\boldsymbol{X}^{(k+1)})$ 对 $R(\boldsymbol{X}^{(k+1)})$ 的逼近程度越好，于是

$$h_{k+1} = \begin{cases} \|\mathrm{d}\boldsymbol{X}^{(k)}\|/4 & , \quad r_k < 0.25 \\ 2\|\mathrm{d}\boldsymbol{X}^{(k)}\| & , \quad r_k > 0.75 \\ h_k & , \quad 0.25 < r_k < 0.75 \end{cases} \qquad (6\text{-}3\text{-}21)$$

这样，可总结出信赖域法的迭代程序如下。

(1) 选取初值 $\boldsymbol{X}^{(0)}$，h_0，$k = 0$。

(2) 按式(6-3-11)和式(6-3-12)计算梯度方向 $\boldsymbol{g}^{(k)}$ 和矩阵 $\boldsymbol{G}_k$，若 $\boldsymbol{g}^{(k)} = 0$ 则转至(7)。

(3) 按式(6-3-15)计算 $\mathrm{d}\boldsymbol{X}^{(k)}$，并检查 $\|\mathrm{d}\boldsymbol{X}^{(k)}\|$ 是否满足约束条件。若不满足，则采取适当方法对 $\|\mathrm{d}\boldsymbol{X}^{(k)}\|$ 予以压缩。然后在区域 h_k 内求使 $Q(X^{(k+1)}) = \min$ 的 $\mathrm{d}\boldsymbol{X}^{(k)}$。

(4) 计算 $\boldsymbol{X}^*$ 的新的近似值 $\boldsymbol{X}^{(k+1)} = \boldsymbol{X}^{(k)} + \mathrm{d}\boldsymbol{X}^{(k)}$。

(5) 按式(6-3-20)计算 r_k，并按式(6-3-21)确定 h_{k+1}。

(6) 检查 $R(\boldsymbol{X}^{(k+1)}) = R(\boldsymbol{X}^{(k)})$ 是否成立。若不成立，则转至(2)继续迭代。

(7) 终止迭代，输出 $\boldsymbol{X}^{(k+1)}$ 和 $R(\boldsymbol{X}^{(k+1)})$，结束。

例 6-3 设 $\boldsymbol{X}^{(0)} = (x_1^{(0)} \quad x_2^{(0)})^{\mathrm{T}} = (5.4 \quad -0.3)^{\mathrm{T}}$，$h_0 = 0.08$，用信赖域法求解例 6-1 中非线性模型的非线性最小二乘平差值。

$R(\boldsymbol{X})$，$\boldsymbol{g}$ 和 $\boldsymbol{G}_k$ 的表达式同例 6-2，用信赖域法迭代计算的结果列于表 6-3。

表 6-3　信赖域法迭代计算

k		1	2	3
$g^{(k)}$	$g_1^{(k)}$	−1.1205024908	0.1247630234	0.00548626096
	$g_2^{(k)}$	−17.1530503	2.746427624	0.09609929786
$X^{(k)}$	$x_1^{(k)}$	5.342193488	5.421482607	5.422716379
	$x_2^{(k)}$	−0.2446971417	−2553841042	−0.2556656317
$R(X^{(k)})$		−40.21054702	−40.62555285	−40.63548246
k		4	5	6
$g^{(k)}$	$g_2^{(k)}$	0.000123053314	7.605186×10^{-5}	4.700803×10^{-5}
	$g_2^{(k)}$	0.002154167737	1.331179×10^{-3}	8.228461×10^{-4}
$X^{(k)}$	$x_1^{(k)}$	5.422727153	5.422733806	5.422737919
	$x_2^{(k)}$	−0.2556680975	−0.255669209	−0.255670562
$R(X^{(k)})$		−40.6254928	−40.63549279	−40.63549279

迭代六次，有 $R(\boldsymbol{X}^{(6)})=R(\boldsymbol{X}^{(5)})=-40.63549279$，所以停止迭代，得

$$\boldsymbol{X}^*=\begin{pmatrix}5.422737919\\-0.255670562\end{pmatrix},\quad \Delta\boldsymbol{X}=\begin{pmatrix}0.002601732\\-0.001308672\end{pmatrix}$$

$$\|\Delta X\|=\sqrt{\Delta x_1^2+\Delta x_2^2}=0.0029$$

当初值 $\boldsymbol{X}^{(0)}=(5.4\quad -0.5)^{\mathrm{T}}$ 时，和牛顿法一样发散。这说明信赖域法也与初值有关，仍然是局部收敛，并不是想像的那样全局收敛。

3. 拟牛顿法

牛顿法是基于二次模型

$$R(\boldsymbol{X}^{(k)}+\mathrm{d}\boldsymbol{X}^{(k)})\approx R(\boldsymbol{X}^{(k)})+\boldsymbol{g}^{(k)}\mathrm{d}\boldsymbol{X}^{(k)}+\frac{1}{2}(\mathrm{d}\boldsymbol{X}^{(k)})^{\mathrm{T}}\boldsymbol{G}_k\mathrm{d}\boldsymbol{X}^{(k)}$$

的。当 R 的形式很复杂时，求 R 的二阶偏导数阵 $\boldsymbol{G}_k$ 将非常困难。为了避免求二阶偏导数，我们考虑用一个仅包含一阶偏导数信息的对称矩阵 $\boldsymbol{Q}_k$ 去逼近 $\boldsymbol{G}_k$，然后再按牛顿法予以迭代。可见拟牛顿法与牛顿法的差别就是用 $\boldsymbol{Q}_k$ 代替 $\boldsymbol{G}_k$。

拟牛顿法的关键是寻找一个只包含一阶偏导数信息的 $\boldsymbol{Q}_k$ 矩阵。此处介绍按“数值法”确定 $\boldsymbol{Q}_k$ 的方法。

由式(6-3-12)并顾及式(6-3-11)，有

$$\boldsymbol{G}_k=\begin{pmatrix}\dfrac{\partial^2R}{\partial x_1^2} & \dfrac{\partial^2R}{\partial x_1\partial x_2} & \cdots & \dfrac{\partial^2R}{\partial x_1\partial x_t}\\ \dfrac{\partial^2R}{\partial x_2\partial x_1} & \dfrac{\partial^2R}{\partial x_2^2} & \cdots & \dfrac{\partial^2R}{\partial x_2\partial x_t}\\ \vdots & \vdots & \vdots & \vdots\\ \dfrac{\partial^2R}{\partial x_t\partial x_1} & \dfrac{\partial^2R}{\partial x_t\partial x_2} & \cdots & \dfrac{\partial^2R}{\partial x_t^2}\end{pmatrix}=\begin{pmatrix}\dfrac{\partial g_1}{\partial x_1} & \dfrac{\partial g_1}{\partial x_2} & \cdots & \dfrac{\partial g_1}{\partial x_t}\\ \dfrac{\partial g_2}{\partial x_1} & \dfrac{\partial g_2}{\partial x_2} & \cdots & \dfrac{\partial g_2}{\partial x_t}\\ \vdots & \vdots & \vdots & \vdots\\ \dfrac{\partial g_t}{\partial x_1} & \dfrac{\partial g_t}{\partial x_2} & \cdots & \dfrac{\partial g_t}{\partial x_t}\end{pmatrix}$$

根据多元函数偏导数的定义：

$$\frac{\partial f(x_1,x_2,\cdots,x_t)}{\partial x_i}=\lim_{\Delta x_i\to0}\frac{f(x_1,\cdots,x_i+\Delta x_i,\cdots,x_t)-f(x_1,\cdots,x_t)}{\Delta x_i}$$

知

$$
\boldsymbol{G}_k=\begin{pmatrix}
\lim\limits_{dx_1\to 0}\dfrac{g_1(x_1+dx_1,x_2,\cdots,x_t)-g_1(x)}{dx_1} & \cdots & \lim\limits_{dx_t\to 0}\dfrac{g_1(x_1,\cdots,x_t+dx_t)-g_1(x)}{dx_t}\\
\lim\limits_{dx_1\to 0}\dfrac{g_2(x_1+dx_1,x_2,\cdots,x_t)-g_2(x)}{dx_1} & \cdots & \lim\limits_{dx_t\to 0}\dfrac{g_2(x_1,\cdots,x_t+dx_t)-g_2(x)}{dx_t}\\
\vdots & \vdots & \vdots\\
\lim\limits_{dx_1\to 0}\dfrac{g_t(x_1+dx_1,x_2,\cdots,x_t)-g_t(x)}{dx_1} & \cdots & \lim\limits_{dx_t\to 0}\dfrac{g_t(x_1,\cdots,x_t+dx_t)-g_t(x)}{dx_t}
\end{pmatrix}
$$

令

$$
\bar{\boldsymbol{g}}^{(k)}=\begin{pmatrix}\bar{g}_1^{(k)}\\ \bar{g}_2^{(k)}\\ \vdots\\ \bar{g}_t^{(k)}\end{pmatrix}=\begin{pmatrix}\bar{g}_1^{(k)}(x_1^{(k+1)},x_2^{(k)},\cdots,x_t^{(k)})\\ \bar{g}_2^{(k)}(x_1^{(k)},x_2^{(k+1)},x_3^{(k)},\cdots,x_t^{(k)})\\ \vdots\\ \bar{g}_t^{(k)}(x_1^{(k)},x_2^{(k)},\cdots,x_t^{(k+1)})\end{pmatrix}\tag{6-3-22}
$$

则去掉极限后，得 $\boldsymbol{G}_k$ 的近似矩阵为

$\boldsymbol{G}_k\approx\boldsymbol{Q}_k=$

$$
\begin{pmatrix}
\dfrac{\bar{g}_1^{(k)}-g_1^{(k)}}{dx_1^{(k)}} & \dfrac{1}{2}\left(\dfrac{\bar{g}_1^{(k)}-g_1^{(k)}}{dx_2^{(k)}}+\dfrac{\bar{g}_2^{(k)}-g_2^{(k)}}{dx_1^{(k)}}\right) & \cdots & \dfrac{1}{2}\left(\dfrac{\bar{g}_1^{(k)}-g_1^{(k)}}{dx_t^{(k)}}+\dfrac{\bar{g}_t^{(k)}-g_t^{(k)}}{dx_1^{(k)}}\right)\\
 & \dfrac{\bar{g}_2^{(k)}-g_2^{(k)}}{dx_2^{(k)}} & \cdots & \dfrac{1}{2}\left(\dfrac{\bar{g}_2^{(k)}-g_2^{(k)}}{dx_t^{(k)}}+\dfrac{\bar{g}_t^{(k)}-g_t^{(k)}}{dx_2^{(k)}}\right)\\
\text{对称} & & \ddots & \vdots\\
 & & & \dfrac{\bar{g}_t^{(k)}-g_t^{(k)}}{dx_t^{(k)}}
\end{pmatrix}\tag{6-3-23}
$$

用式(6-3-23)定义的对称矩阵 $\boldsymbol{Q}_k$ 既能较准确地逼近 $\boldsymbol{G}_k$，又只包含 R 的一阶偏导数信息，不需要求二阶偏导数，有了 $\boldsymbol{Q}_k$ 后，一切迭代均按牛顿法进行。由于拟牛顿法一开始就要按式(6-3-23)计算 $\boldsymbol{Q}_k$ 阵，所以计算前除了给定 $\boldsymbol{X}$ 的初值 $\boldsymbol{X}^{(0)}$ 外，还必须给定 $d\boldsymbol{X}$ 的初值 $d\boldsymbol{X}^{(0)}$。$d\boldsymbol{X}^{(0)}$ 可以这样确定：当给定 $\boldsymbol{X}^{(0)}$ 后，将 $\boldsymbol{X}^{(0)}$ 减去一个很接近 $\boldsymbol{X}^{(0)}$ 的向量 $\bar{X}^{(0)}$，则差值就是 $d\boldsymbol{X}^{(0)}$，即

$$
d\boldsymbol{X}^{(0)}=\boldsymbol{X}^{(0)}-\bar{\boldsymbol{X}}^{(0)}\tag{6-3-24}
$$

开始计算时，用 $\bar{\boldsymbol{X}}^{(0)}$ 和 $d\boldsymbol{X}^{(0)}$ 即可。

例6-4 用拟牛顿法求解例6-1中非线性模型的非线性最小二乘平差值。初值为 $\boldsymbol{X}^{(0)}=(x_1^{(0)}\ x_2^{(0)})^{\mathrm{T}}=(5.4\quad -0.3)^{\mathrm{T}}$。

由于给定 $\boldsymbol{X}^{(0)}=(x_1^{(0)}\quad x_2^{(0)})^{\mathrm{T}}=(5.4\quad -0.3)^{\mathrm{T}}$，则取 $\bar{\boldsymbol{X}}^{(0)}=(5.39\quad -0.28)^{\mathrm{T}}$，由式(6-3-24)得 $d\boldsymbol{X}^{(0)}=(0.01\quad 0.02)^{\mathrm{T}}$。取定 $\bar{\boldsymbol{X}}^{(0)}$ 和 $d\boldsymbol{X}^{(0)}$ 后，按拟牛顿法迭代的结果列于表6-4。由表6-4可以看出，迭代6次后，有 $R(\boldsymbol{X}^{(5)})=R(\boldsymbol{X}^{(6)})$，停止迭代，得

$$
\boldsymbol{X}^{*}=\begin{pmatrix}5.422737919\\-0.255670562\end{pmatrix},\quad \Delta\boldsymbol{X}=\begin{pmatrix}0.002608373\\-0.001310195\end{pmatrix}
$$

$$
\|\Delta X\|=\sqrt{\Delta x_1^2+\Delta x_2^2}=0.0029
$$

与以上迭代解相同，这表明用数值法确定的 $\boldsymbol{Q}_k$ 阵，能很好地逼近 $\boldsymbol{G}_k$ 阵。

表 6-4　拟牛顿法迭代计算

k		1	2	3
$g^{(k)}$	$g_1^{(k)}$	−0.221245771	0.856623242	−0.03115185858
	$g_2^{(k)}$	−2.965959852	12.93742451	−0.4936312734
$X^{(k)}$	$x_1^{(k)}$	5.451669534	5.420543661	5.422705929
	$x_2^{(k)}$	−0.256609692	−0.255545476	−0.2556687702
$R(X^{(k)})$		−40.62536846	−40.48402317	−40.63523365
Q_k	Q_{11}	2.5022628	2.753000625	2.765194851
	Q_{12}	26.20604801	33.01991882	31.12556489
	Q_{22}	398.1482354	533.4314266	472.3603199
G_k	G_{11}	2.311619915	3.003695448	2.780051726
	G_{12}	21.2196711	35.54791966	31.443537
	G_{22}	289.8392513	546.7992839	475.1482883
k		4	5	6
$g^{(k)}$	$g_1^{(k)}$	−0.00384076635	−0.00010347425	2.358884×10^{-7}
	$g_2^{(k)}$	−0.0575278579	−0.0015617973	3.739449×10^{-6}
$X^{(k)}$	$x_1^{(k)}$	5.422744651	5.422744561	5.422744560
	$x_2^{(k)}$	−0.2556720931	−0.2556720852	−0.2556720849
$R(X^{(k)})$		−40.63548925	−40.6354928	−40.6354928
Q_k	Q_{11}	2.763778092	2.76373428	2.76373428
	Q_{12}	31.13656682	31.1394768	31.1394768
	Q_{22}	469.4625468	469.7401401	469.7401401
G_k	G_{11}	2.763839956	2.763740298	2.763740270
	G_{12}	31.13982534	31.13799006	31.13798972
	G_{22}	469.7863468	469.7540942	469.7540898

4. 高斯 - 牛顿法

以上介绍的几种方法，都是求目标函数 $R(\boldsymbol{X}^*)=\min$ 的非线性最优化算法。与我们在《误差理论与测量平差基础》中已掌握的平差方法相去甚远。而高斯 - 牛顿法则不同，几乎和我们已经掌握的平差方法相同。

高斯 - 牛顿法的基本出发点就是在初值 $\boldsymbol{X}^{(0)}$ 处对非线性模型进行线性近似。并按传统的平差方法求出一次近似值 $\boldsymbol{X}^{(1)}$，然后反复迭代，直至前后两次 $\boldsymbol{V}^{\mathrm{T}}\boldsymbol{PV}$ 的值相等，即 $(\boldsymbol{V}^{\mathrm{T}}\boldsymbol{PV})^{(k)}=(\boldsymbol{V}^{\mathrm{T}}\boldsymbol{PV})^{(k+1)}$。迭代步骤如下：假设非线性模型式(6-2-2)存在一阶连续偏导数，且参数 $\boldsymbol{X}$ 之间相互独立，则在近似值 $\boldsymbol{X}^{(0)}$ 处线性化，得误差方程，即

$$\boldsymbol{V}=\boldsymbol{B}(\boldsymbol{X}^{(0)})\mathrm{d}\boldsymbol{X}-(\boldsymbol{L}-f(\boldsymbol{X}^{(0)}))$$

式中：$\boldsymbol{B}(\boldsymbol{X}^{(0)})$ 为用 $\boldsymbol{X}^{(0)}$ 按式(6-3-2)算得的误差方程系数矩阵。

根据最小二乘原理，有

$$\boldsymbol{X}^{(1)}=\boldsymbol{X}^{(0)}+(\boldsymbol{B}^{\mathrm{T}}(\boldsymbol{X}^{(0)})\boldsymbol{PB}(\boldsymbol{X}^{(0)}))^{-1}\boldsymbol{B}^{\mathrm{T}}(\boldsymbol{X}^{(0)})\boldsymbol{P}(\boldsymbol{L}-f(\boldsymbol{X}^{(0)}))$$

求得 $\boldsymbol{X}^{(1)}$ 后，再以 $\boldsymbol{X}^{(1)}$ 为近似值继续迭代，其迭代公式为

$$\boldsymbol{X}^{(k+1)}=\boldsymbol{X}^{(k)}+(\boldsymbol{B}^{\mathrm{T}}(\boldsymbol{X}^{(k)})\boldsymbol{PB}(\boldsymbol{X}^{(k)}))^{-1}\boldsymbol{B}^{\mathrm{T}}(\boldsymbol{X}^{(k)})\boldsymbol{P}(\boldsymbol{L}-f(\boldsymbol{X}^{(k)}))\qquad(6\text{-}3\text{-}25)$$

终止迭代条件：$(\boldsymbol{V}^{\mathrm{T}}\boldsymbol{PV})^{(k)}=(\boldsymbol{V}^{\mathrm{T}}\boldsymbol{PV})^{(k+1)}$。

高斯 - 牛顿法具有一定的合理性。因为若式(6-2-2)是线性模型，则有 $\boldsymbol{B}(\boldsymbol{X}^{(0)})=\boldsymbol{B}$，

$f(\boldsymbol{X}^{(0)})=\boldsymbol{B}\boldsymbol{X}^{(0)}$。于是

$$\boldsymbol{X}^{(1)}=\boldsymbol{X}^{(0)}+(\boldsymbol{B}^{\mathrm{T}}\boldsymbol{P}\boldsymbol{B})^{-1}\boldsymbol{B}^{\mathrm{T}}\boldsymbol{P}(\boldsymbol{L}-\boldsymbol{B}\boldsymbol{X}^{(0)})=(\boldsymbol{B}^{\mathrm{T}}\boldsymbol{P}\boldsymbol{B})^{-1}\boldsymbol{B}^{\mathrm{T}}\boldsymbol{P}\boldsymbol{L}$$

上式表明：若式(6-2-2)是线性模型，则由高斯 - 牛顿法从任意初值出发，经1次迭代就可得到最小二乘平差的精确解。当非线性模型式(6-2-2)的非线性强度较弱时，高斯 - 牛顿法是较好的方法。

例 6-5 设 $\boldsymbol{X}^{(0)}=(x_1^{(0)}\quad x_2^{(0)})^{\mathrm{T}}=(5.4\quad -0.3)^{\mathrm{T}}$，用高斯 - 牛顿法求解例6-1中非线性模型的非线性最小二乘平差值。

按式(6-3-25)迭代的结果列于表6-5。

表 6-5 高斯 - 牛顿法迭代计算

k		1	2	3	4	5
$\boldsymbol{X}^{(k)}$	$x_1^{(k)}$	5.394141331	5.422298989	5.422744502	5.422744573	5.422744573
	$x_2^{(k)}$	−0.250050	−0.255618	−0.255672	−0.255672086	−0.255672086
$R(\boldsymbol{X}^{(k)})$		−39.78568664	−40.62829761	−40.63549238	−40.6354928	−40.6354928

$$\boldsymbol{X}^{*}=\begin{pmatrix}5.422737919\\-0.255670562\end{pmatrix},\quad \Delta\boldsymbol{X}=\begin{pmatrix}0.002608386\\-0.001310196\end{pmatrix}$$

$$\|\Delta X\|=\sqrt{\Delta x_1^2+\Delta x_2^2}=0.0029$$

当 $\boldsymbol{X}^{(0)}=(x_1^{(0)}\quad x_2^{(0)})^{\mathrm{T}}=(3.4\quad -0.8)^{\mathrm{T}}$ 时，迭代发散。这说明虽然高斯 - 牛顿法有一定的合理性，但在具体执行时可能会产生一些问题。首先是对初值的依赖性较大。当初值较差时，会出现迭代发散现象，使迭代无法进行下去。不过，我们在实际计算时，总是用观测值算出 $\boldsymbol{X}^{(0)}$，即如此求得的初值 $\boldsymbol{X}^{(0)}$ 与 $\boldsymbol{X}$ 的真值很接近，故一般可迭代收敛。

§6-4 非线性模型平差的精度评定

一、非线性最小二乘平差结果的统计性质

通过《误差理论与测量平差基础》的学习，我们知道在线性模型 $\boldsymbol{L}=\boldsymbol{B}\boldsymbol{X}+\boldsymbol{\Delta}$ 中，当 $\boldsymbol{\Delta}$ 服从正态分布时，最小二乘估计量 $\hat{\boldsymbol{L}}$ 和 $\hat{\boldsymbol{X}}$ 均为无偏估计。并且 $\hat{\boldsymbol{L}}$ 和 $\hat{\boldsymbol{X}}$ 均具有最小方差。即在线性模型 $\boldsymbol{L}=\boldsymbol{B}\boldsymbol{X}+\boldsymbol{\Delta}$ 中，当 Δ 服从正态分布时，最小二乘估计量具有优良的统计性质。那么，在非线性模型 $\boldsymbol{L}=f(\widetilde{X})+\boldsymbol{\Delta}$ 中，当 $\boldsymbol{\Delta}$ 仍服从正态分布时，非线性最小二乘估计量 $\hat{\boldsymbol{L}}$ 和 $\hat{\boldsymbol{X}}$ 是否还有这些优良统计性质呢？回答是否定的(参见文献[24])。非线性最小二乘估计量 $\hat{\boldsymbol{L}}$ 和 $\hat{\boldsymbol{X}}$ 为有偏估计，而且 $\hat{\boldsymbol{L}}$ 和 $\hat{\boldsymbol{X}}$ 的方差达不到最小值。

二、单位权中误差

文献[25]已推导出非线性模型平差中单位权方差 σ_0^2 的严密估计公式。由于非线性模型平差中单位权方差 σ_0^2 的严密估计公式非常复杂，建议在实际工作中仍用

$$\hat{\sigma}_0^2=\frac{\boldsymbol{V}^{\mathrm{T}}\boldsymbol{P}\boldsymbol{V}}{r}\tag{6-4-1}$$

去估计单位权方差 σ_0^2，并称式(6-4-1)为非线性模型平差中单位权方差 σ_0^2 的近似估计公式。

三、非线性函数的误差传播

为简单起见，仅讨论独立观测的情况。设独立观测向量的真值为 $\tilde{\boldsymbol{L}} = (\tilde{l}_1\ \tilde{l}_2\ \cdots\ \tilde{l}_n)^{\mathrm{T}}$，观测值为 $\boldsymbol{L} = (l_1\ l_2\ \cdots\ l_n)^{\mathrm{T}}$，观测值的真误差为 $\boldsymbol{\Delta} = (\Delta_1\ \Delta_2\ \cdots\ \Delta_n)^{\mathrm{T}}$ 服从正态分布，即 $\boldsymbol{\Delta} \sim N(0, D(\boldsymbol{\Delta}))$。其中

$$D(\boldsymbol{\Delta}) = D(\boldsymbol{L}) = \begin{bmatrix} \sigma_1^2 & 0 & \cdots & 0 \\ 0 & \sigma_2^2 & \cdots & 0 \\ \vdots & & \ddots & \vdots \\ 0 & \cdots & \cdots & \sigma_n^2 \end{bmatrix}$$

现有独立观测向量的非线性函数

$$y = \varphi(\boldsymbol{L}) + \varphi_0 \tag{6-4-2}$$

式中 φ_0 为常数。现要求根据独立观测向量 $\boldsymbol{L}$ 的方差 $D(\boldsymbol{L})$ 来求非线性函数 y 的方差 $D(y)$。这就是非线性函数的误差传播问题。为了根据观测向量 $\boldsymbol{L}$ 的方差 $D(\boldsymbol{L})$ 求非线性函数 y 的方差 $D(y)$，将式(6-4-2)在观测值 $\boldsymbol{L}$ 处展为泰勒级数，并取至二次项得

$$y = y_0 + a_1\Delta_1 + \cdots + a_n\Delta_n + \frac{1}{2}c_{11}\Delta_1^2 + \cdots + \frac{1}{2}c_{nn}\Delta_n^2 + c_{12}\Delta_1\Delta_2 + \cdots + c_{1n}\Delta_1\Delta_n + c_{23}\Delta_2\Delta_3 + \cdots + c_{n-1,n}\Delta_{n-1}\Delta_n$$

式中 $y_0 = \varphi(\boldsymbol{L}) + \varphi_0$

$$a_i = \left.\frac{\partial\varphi}{\partial\tilde{L}_i}\right|_{\tilde{L}=L},\ c_{ii} = \left.\frac{\partial^2\varphi}{\partial\tilde{L}_i^2}\right|_{\tilde{L}=L},\ c_{ij} = \left.\frac{\partial^2\varphi}{\partial\tilde{L}_i\partial\tilde{L}_j}\right|_{\tilde{L}=L} \tag{6-4-3}$$

令

$$\Delta y = a_1\Delta_1 + \cdots + a_n\Delta_n + \frac{1}{2}c_{11}\Delta_1^2 + \cdots + \frac{1}{2}c_{nn}\Delta_n^2 + c_{12}\Delta_1\Delta_2 + \cdots + c_{1n}\Delta_1\Delta_n + c_{23}\Delta_2\Delta_3 + \cdots + c_{n-1,n}\Delta_{n-1}\Delta_n$$

对 Δy 取数学期望，并顾及

$$\left.\begin{array}{llll} E(\Delta_i) = 0, & E(\Delta_i\Delta_j) = 0\ (i \neq j), & E(\Delta_i^3) = 0, & E(\Delta_i^2) = \sigma_i^2 \\ E(\Delta_i\Delta_j\Delta_k) = 0, & E(\Delta_i\Delta_j^2) = 0, & E(\Delta_i^4) = 3\sigma_i^4, & E(\Delta_i^2\Delta_j^2) = \sigma_i^2\sigma_j^2 \end{array}\right\} \tag{6-4-4}$$

得

$$E(\Delta y) = \frac{1}{2}(c_{11}\sigma_1^2 + c_{22}\sigma_2^2 + \cdots + c_{nn}\sigma_n^2)$$

根据方差的定义知

$$D(y) = \sigma_y^2 = E[(\Delta y - E(\Delta y))^2] =$$

$$E\left[\left(a_1\Delta_1 + \cdots + a_n\Delta_n + \frac{1}{2}c_{11}(\Delta_1^2 - \sigma_1^2) + \cdots + \frac{1}{2}c_{nn}(\Delta_n^2 - \sigma_n^2) + c_{12}\Delta_1\Delta_2 + \cdots + c_{n-1,n}\Delta_{n-1}\Delta_n\right)^2\right]$$

顾及式(6-4-4)，得

$$D(y) = \sum_{i=1}^{n} a_i^2\sigma_i^2 + \frac{1}{2}\sum_{i=1}^{n} c_{ii}^2\sigma_i^4 + \sum_{i=1}^{n-1}\sum_{j=i+1}^{n} c_{ij}^2\sigma_i^2\sigma_j^2 \tag{6-4-5}$$

例 6-6 在 GIS 矢量数据库中得 A，B 两点在空间直角坐标系中的坐标观测值为

$$\boldsymbol{L} = (l_1\quad l_2\quad l_3\quad l_4\quad l_5\quad l_6)^{\mathrm{T}} = (x_A\quad y_A\quad z_A\quad x_B\quad y_B\quad z_B)^{\mathrm{T}} = (3\ 5\ 4\ 2\ 3\ 2)^{\mathrm{T}}$$

$\boldsymbol{L}$ 的方差阵为

$$D(\boldsymbol{L})=\begin{pmatrix}\sigma_{x_A}^2&0&0&0&0&0\\0&\sigma_{y_A}^2&0&0&0&0\\0&0&\sigma_{z_A}^2&0&0&0\\0&0&0&\sigma_{x_B}^2&0&0\\0&0&0&0&\sigma_{y_B}^2&0\\0&0&0&0&0&\sigma_{z_B}^2\end{pmatrix}=\begin{pmatrix}\frac{1}{2}&0&0&0&0&0\\0&\frac{1}{2}&0&0&0&0\\0&0&1&0&0&0\\0&0&0&\frac{1}{4}&0&0\\0&0&0&0&\frac{1}{4}&0\\0&0&0&0&0&\frac{1}{2}\end{pmatrix}$$

试求空间直线

$$y=\sqrt{(x_B-x_A)^2+(y_B-y_A)^2+(z_B-z_A)^2}$$

的方差 σ_y^2。

解:将观测值代入上式可算得该空间直线得近似值为

$$y_0=\sqrt{(2-3)^2+(3-5)^2+(2-4)^2}=3$$

于是有

$$a_1=\frac{\partial y}{\partial x_1}=\frac{\partial y}{\partial x_A}=1/3,\qquad a_2=\frac{\partial y}{\partial x_2}=\frac{\partial y}{\partial y_A}=2/3$$

$$a_3=\frac{\partial y}{\partial x_3}=\frac{\partial y}{\partial z_A}=2/3,\qquad a_4=\frac{\partial y}{\partial x_4}=\frac{\partial y}{\partial x_B}=-1/3$$

$$a_5=\frac{\partial y}{\partial x_5}=\frac{\partial y}{\partial y_B}=-2/3,\qquad a_6=\frac{\partial y}{\partial x_6}=\frac{\partial y}{\partial z_B}=-2/3$$

$$c_{11}=\frac{\partial^2 y}{\partial x_1^2}=\frac{\partial^2 y}{\partial x_A^2}=8/27,\qquad c_{22}=\frac{\partial^2 y}{\partial x_2^2}=\frac{\partial^2 y}{\partial y_A^2}=5/27$$

$$c_{33}=\frac{\partial^2 y}{\partial x_3^2}=\frac{\partial^2 y}{\partial z_A^2}=5/27,\qquad c_{44}=\frac{\partial^2 y}{\partial x_4^2}=\frac{\partial^2 y}{\partial x_B^2}=8/27$$

$$c_{55}=\frac{\partial^2 y}{\partial x_5^2}=\frac{\partial^2 y}{\partial y_B^2}=5/27,\qquad c_{66}=\frac{\partial^2 y}{\partial x_6^2}=\frac{\partial^2 y}{\partial z_B^2}=5/27$$

$$c_{12}=\frac{\partial^2 y}{\partial x_1\partial x_2}=\frac{\partial^2 y}{\partial x_A\partial x_A}=-2/27,\qquad c_{13}=\frac{\partial^2 y}{\partial x_1\partial x_3}=\frac{\partial^2 y}{\partial x_A\partial z_A}=-2/27$$

$$c_{14}=\frac{\partial^2 y}{\partial x_1\partial x_4}=\frac{\partial^2 y}{\partial x_A\partial x_B}=-8/27,\qquad c_{15}=\frac{\partial^2 y}{\partial x_1\partial x_5}=\frac{\partial^2 y}{\partial x_A\partial y_B}=2/27$$

$$c_{16}=\frac{\partial^2 y}{\partial x_1\partial x_5}=\frac{\partial^2 y}{\partial x_A\partial z_B}=2/27,\qquad c_{23}=\frac{\partial^2 y}{\partial x_2\partial x_3}=\frac{\partial^2 y}{\partial x_A\partial z_A}=-4/27$$

$$c_{24}=\frac{\partial^2 y}{\partial x_2\partial x_4}=\frac{\partial^2 y}{\partial y_A\partial x_B}=2/27,\qquad c_{25}=\frac{\partial^2 y}{\partial x_2\partial x_5}=\frac{\partial^2 y}{\partial x_A\partial z_B}=-5/27$$

$$c_{26}=\frac{\partial^2 y}{\partial x_2\partial x_6}=\frac{\partial^2 y}{\partial y_A\partial z_B}=4/27,\qquad c_{34}=\frac{\partial^2 y}{\partial x_3\partial x_4}=\frac{\partial^2 y}{\partial z_A\partial x_B}=2/27$$

$$c_{35}=\frac{\partial^2 y}{\partial x_3\partial x_5}=\frac{\partial^2 y}{\partial z_A\partial y_B}=4/27,\qquad c_{36}=\frac{\partial^2 y}{\partial x_3\partial x_6}=\frac{\partial^2 y}{\partial z_A\partial z_B}=-5/27$$

$$c_{45}=\frac{\partial^2 y}{\partial x_4\partial x_5}=\frac{\partial^2 y}{\partial z_B\partial y_B}=-2/27,\qquad c_{46}=\frac{\partial^2 y}{\partial x_4\partial x_6}=\frac{\partial^2 y}{\partial z_A\partial z_B}=-2/27$$

$$c_{56}=\frac{\partial^2 y}{\partial x_5 \partial x_6}=\frac{\partial^2 y}{\partial y_B \partial z_B}=-4/27$$

由公式(6-4-5)得

$$\sigma_y^2=\left(\frac{1}{3}\right)^2\frac{1}{2}+\left(\frac{2}{3}\right)^2\frac{1}{2}+\left(\frac{2}{3}\right)^2+\left(-\frac{1}{3}\right)^2\cdot\frac{1}{4}+\left(-\frac{2}{3}\right)^2\cdot\frac{1}{4}+\left(-\frac{2}{3}\right)^2\cdot\frac{1}{2}+$$

$$\frac{1}{2}\left[\left(\frac{8}{27}\right)^2\left(\frac{1}{2}\right)^2+\left(\frac{5}{27}\right)^2\left(\frac{1}{2}\right)^2+\left(\frac{5}{27}\right)^2+\left(\frac{8}{27}\right)^2\left(\frac{1}{4}\right)^2+\left(\frac{5}{27}\right)^2\left(\frac{1}{4}\right)^2+\left(\frac{5}{27}\right)^2\left(\frac{1}{2}\right)^2\right]+$$

$$\left(-\frac{2}{27}\right)^2\frac{1}{2}\frac{1}{2}+\left(-\frac{2}{27}\right)^2\frac{1}{2}+\left(-\frac{8}{27}\right)^2\frac{1}{2}\frac{1}{4}+\left(\frac{2}{27}\right)^2\frac{1}{2}\frac{1}{4}+\left(\frac{2}{27}\right)^2\frac{1}{2}\frac{1}{2}+$$

$$\left(-\frac{4}{27}\right)^2\frac{1}{2}+\left(\frac{2}{27}\right)^2\frac{1}{2}\frac{1}{4}+\left(-\frac{5}{27}\right)^2\frac{1}{2}\frac{1}{4}+\left(\frac{4}{27}\right)^2\frac{1}{2}\frac{1}{2}+$$

$$\left(\frac{2}{27}\right)^2\frac{1}{4}+\left(\frac{4}{27}\right)^2\frac{1}{4}+\left(-\frac{5}{27}\right)^2\frac{1}{2}+$$

$$\left(-\frac{2}{27}\right)^2\frac{1}{4}\frac{1}{4}+\left(-\frac{2}{27}\right)^2\frac{1}{4}\frac{1}{2}+$$

$$\left(-\frac{4}{27}\right)^2\frac{1}{4}\frac{1}{2}=1.0750$$

若将 y 的展开式仅取至一次项,即按线性函数求 y 的方差,则有

$$\delta_y^2=\left(\frac{1}{3}\right)^2\frac{1}{2}+\left(\frac{2}{3}\right)^2\frac{1}{2}+\left(\frac{2}{3}\right)^2+\left(-\frac{1}{3}\right)^2\frac{1}{4}+\left(-\frac{2}{3}\right)^2\frac{1}{4}+\left(-\frac{2}{3}\right)^2\frac{1}{2}=0.8056$$

可见 $\sigma_y^2>\delta_y^2$。这说明一个非线性函数若按线性函数计算其方差,则人为地将函数的精度过度拔高了。

以上就非线性函数展开至二次项的误差传播问题作了简要讨论。关于严格的非线性函数误差传播问题、参数估值及其函数的精度评定理论和方法,都是需要深入研究的课题。

参 考 文 献

[1] 陈永龄,夏坚白,王之卓.测量平差法[M].上海:商务印书馆,1943.

[2] 武汉大学测绘学院测量平差学科组.误差理论与测量平差基础[M].武汉:武汉大学出版社,2003.

[3] 李庆海,陶本藻.概率统计原理和在测量中的应用[M].北京:测绘出版社,1982.

[4] 李庆海,陶本藻.概率统计原理和在测量中的应用[M].第 2 版.北京:测绘出版社,1992.

[5] Koch K R. Parameterschätzung und hypothesentests in linearen[M]. modellen: Dümmler,1980.

[6] Koch K R. Parameter estimation and hypothesis testing linear models[M]. [S. l]: Springer-Verlag,1987.

[7] 刘大杰,陶本藻. 实用测量数据处理方法[M].北京:测绘出版社,2000.

[8] Hardy R L. The application of multiquadric equation and point mass anomaly models to crustal movement studies[R]. NOAA Technical Report NOS76,NGS11,1978.

[9] Hein G. A model comparison in vertical crustal motion estimation using leveling data [C]. NOAA Technical Report NOS117,NGS 35,1986.

[10] 陶本藻,王新洲,于正林,等.用于垂直形变模型的多面函数拟合法的研究[J].地壳形变与地震,1992(1).

[11] Bjerhammer A. Theory of errors and generalized matrix inverse[M]. Elsevier, Amsterdam:[s. n.],1973.

[12] Rao C R, Mitra S K. Generalized inverses of matrices and its applications[M]. [S. l]:John Wiley,1971.

[13] 陶本藻.自由网平差与变形分析[M].武汉:武汉测绘科技大学出版社,2001.

[14] Mittermayer E. Eine verallgeminerung der methode der kleinsten qundrate zur ausgleichung freier netze[J]. Z. F. V,1971 (11).

[15] 周江文.监测网拟稳平差[J].中国科学院测量与地球研究所专刊:第 2 号,1980(12).

[16] Huber P J. Robust statistics[M]. New York: Wiley,1981.

[17] Huber P J. Robust estimation of a location. Ann. Math. Statist[M]. [S. l.]: [s. n.]. 1964.

[18] 周江文,黄幼才,杨元喜,等.抗差二乘法[M].武汉:华中理工大学出版社,1995.

[19] 黄幼才.数据探测与抗差估计[M].北京:测绘出版社,1990.

[20] 刘经南,姚宜斌,施闯.基于等价方差-协方差的稳健最小二乘估计理论研究[J].测绘科学,2000(3):1-6.

[21] 姚宜斌,刘经南,施闯.相关稳健估计及其在测量数据处理中的应用[J].测绘信息工程,2001(3).

[22] 杨元喜,宋力杰,徐天河.大地测量相差观测抗差估计理论[J].测绘学报，2002(2).
[23] Teunissen P J G. Nonlinear least squares[J]. Manuscript Geodaetica. 1990(15): 137-150.
[24] 王新洲.非线性模型参数估计理论与应用[M].武汉:武汉大学出版社,2002.
[25] 王新洲.非线性模型平差中单位权方差的估计[J].武汉测绘科技大学学报,2000(4): 358-361.

全国高等教育自学考试指定教材
小学教育专业(专科)

小学科学教育

Xiaoxue Kexue Jiaoyu

(含:小学科学教育自学考试大纲)
(2015年版)

全国高等教育自学考试指导委员会　组编
主　编　杨宝山
副主编　李亦菲

高等教育出版社·北京

扫描微信二维码

关注自考教材服务

图书在版编目（CIP）数据

小学科学教育/杨宝山主编；全国高等教育自学考试指导委员会组编. --北京：高等教育出版社，2015.10（2020.5 重印）

ISBN 978-7-04-044143-7

Ⅰ.①小… Ⅱ.①杨… ②全… Ⅲ.①小学-科学教育学-高等教育-自学考试-教材 Ⅳ.①G623.63

中国版本图书馆 CIP 数据核字(2015)第 258512 号

策划编辑 雷旭波　　责任编辑 雷旭波　　版式设计 范晓红

责任校对 陈 杨　　责任印制 耿 轩

出　　版 高等教育出版社
社　　址 北京市西城区德外大街 4 号
邮政编码 100120
印　　刷 北京市鑫霸印务有限公司
开　　本 787mm×1092mm 1/16
印　　张 16.75
字　　数 390 千字
咨询电话 400-810-0598
网　　址 http://www.hep.edu.cn
　　　　 http://www.hep.com.cn
版　　次 2015 年 12 月第 1 版
印　　次 2020 年 5 月第 3 次印刷
定　　价 31.00 元

本书如有缺页、倒页、脱页等质量问题，请到所购图书销售部门联系调换。